Möller/Arp · Obstgehölz- und Baumschnitt in Bildern

Hans Heinrich Möller • Pirko Arp (†)

Obstgehölz- und Baumschnitt in Bildern

Richtig planen, schneiden und pflegen

4., aktualisierte Auflage

Quelle & Meyer Verlag Wiebelsheim

Die Ratschläge in diesem Buch sind von den Autoren und dem Verlag sorgfältig erwogen und geprüft, dennoch kann keine Garantie übernommen werden. Eine Haftung der Autoren bzw. des Verlages und seiner Beauftragten für Personen-, Sach- und Vermögensschäden ist ausgeschlossen.

Bibliografische Information der Deutschen Nationalbibliothek
Die Deutsche Nationalbibliothek verzeichnet diese Publikation in der Deutschen Nationalbibliografie; detaillierte bibliografische Daten sind im Internet über http://dnb.de abrufbar.

4., aktualisierte Auflage

www.quelle-meyer.de

Cover: Zeichnungen von Christel Adams, Foto von Rolf Heisler
Alle Abbildungen im Buch stammen von Christel Adams.
Druck und Verarbeitung: TZ-Verlag & Print GmbH
Printed in Germany/Imprimé en Allemagne
ISBN 978-3-494-01962-8

Inhaltsverzeichnis

Vorwort zur 4. Auflage

Der zufällige Apfelsämling neben dem Komposthaufen verdeutlicht, dass Obstgehölze auch ohne gärtnerische Eingriffe in ihren durch Gattung, Art und Sorte vorgegebenen Wuchseigenschaften wachsen und fruchten.

Dennoch können Anwender das Wissen des gezielten Pflanzenschnitts nutzen, um Bäume, Sträucher und rankende Pflanzen den eigenen Bedürfnissen der Pflanzen und deren Standort anzupassen. Bestmögliche Erträge, optimale Fruchtgrößen und – vor allem bei den Bäumen – die geeignete Form sind dabei von besonderer Bedeutung. Aber wie gelangen Sie selbst zu dem notwendigen Wissen und dessen erfolgreicher Umsetzung in Ihrem Garten?

Akzeptieren Sie zunächst, dass jedes Obstgehölz ein Individuum ist, das niemals so aussieht wie die Zeichnung im Buch. In einem zweiten Schritt ist die Konzentration auf die Prinzipien des fachgerechten Obstgehölz- und Baumschnittes entscheidend. Haben Sie diese im Wesentlichen verstanden, wird es von Mal zu Mal einfacher, auch in der Praxis mit dem Pflegeschnitt an den unterschiedlichsten fruchttragenden Gehölzen erfolgreich umzugehen.

Kurz gefasst bleibt es dabei: Ein mutiger, klarer Schnitt unter Beachtung der Eigenarten des Gehölzes bringt Sie meist schneller zum Ziel als viele kleine „Schnippeleien". Diese klare Aussage sollte immer beherzigt werden: „Scharfe Schere – hartes Herz".

Im Bereich von Kern- und Steinobst sind die bisherigen, gut geeigneten Sorten für den Anbau im Hausgarten verblieben. Sie haben sich in der Vergangenheit bewährt. Beim Beerenobst wurden einige Sorten durch verbesserte Züchtungen und Selektionen abgelöst.

Bei eventuellen Pflanzenschutzmaßnahmen wurde die Austriebsbehandlung mit biologisch abbaubaren Mitteln gegen überwinternde Schadorganismen vervollständigt.

Möge dieses Buch Sie weiterhin bei allen Arbeiten mit Ihren Obstgehölzen ermuntern, unterstützen und Ihnen den gewünschten Erfolg bringen.

Hans Heinrich Möller

Hinweis zur Nutzung:
Die in den Abbildungen in brauner Farbe gedruckten Pflanzenteile sollen beim Schnitt entfernt werden.

1. Obstbäume

1.1 Allgemeines

1.1.1 Grundlagen

Ziel

Das Ziel des Obstbaumschnittes ist ein gesunder, langlebiger Baum mit einem gleichmäßigen und stabilen Aufbau, der sich langfristig mit wenig Pflege und gutem Ertrag nutzen lässt.

Aufbau des Baumes

Alle unsere Obstbäume mit bekannten Sorten sind veredelt, da sich die einzelnen Sorten durch Saat nicht vermehren lassen. Das heißt, dass ein Obstbaum aus dem Wurzelteil, der so genannten Unterlage, und der durch Veredelung aufgesetzten Sorte besteht.

Die Veredlungsstelle befindet sich meistens zwischen Wurzel und Stamm am so genannten Wurzelhals und ist beim jungen Baum an einer leichten Verdickung zu erkennen. (s. S. 9) Eine Alternative ist, die Bäume in ca. 1,80 m Höhe zu veredeln. Diese Methode wird besonders bei schwachwüchsigen Sorten durchgeführt, die man als Hochstamm heranziehen möchte. Außerdem können durchaus mehrere Sorten auf einem Baum wachsen.

Unterlagen Beispiel Äpfel

Die Wuchsstärke des Baumes ist von der Unterlage abhängig. Besonders bei Äpfeln gibt es eine Vielzahl von sehr stark bis zu sehr schwach wachsenden Unterlagen. Daher ist es bei einer Neupflanzung besonders wichtig, die richtige Wahl zu treffen.

Sämlingsunterlagen werden durch die Saat von Sorten (z. B. „Bittenfelder") gewonnen, die sehr einheitlich ausfallen. Bei den so genannten Typenunterlagen, das sind Züchtungen mit bestimmten Wuchseigenschaften, erfolgt die Vermehrung vegetativ durch Abrisse oder Stecklinge.

	Sämlingsunterlage	M 9 Typenunterlage
Wachstum	sehr stark	sehr schwach
Wurzel	ausladend, tiefgehend, standfest	sehr flach, nicht standfest
Nährstoffbedarf	niedrig	hoch
Fruchtertrag	spät einsetzend	früh einsetzend
Fruchtgröße	eher klein	eher groß
Alter	sehr alt: 60–80 Jahre	20–30 Jahre

Die gezielte Vermehrung von Obstsorten ist fast ausschließlich durch Veredelung möglich.

Die mittelstark wachsenden **Typenunterlagen M 7 und MM 106** liegen mit ihren Eigenschaften jeweils in der Mitte der Übersicht.

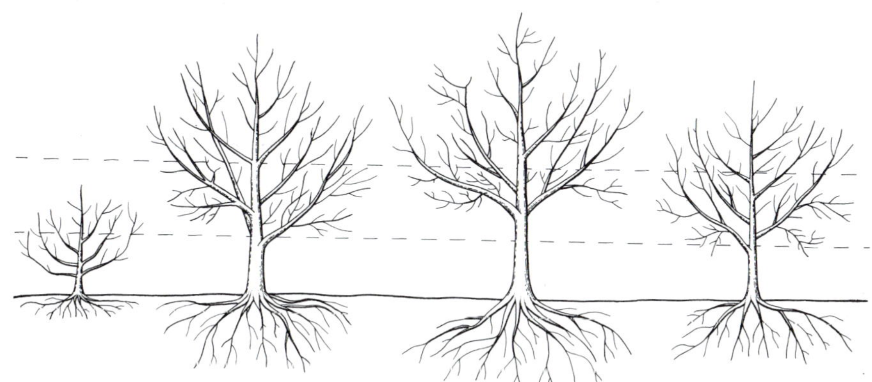

Von links nach rechts: M9 Stammbusch, Sämling (Halbstamm), Sämling (Hochstamm), mittelstark wachsende Unterlage (z. B. M 26)

Die Unterlage, der Wurzelteil des Obstbaumes, gibt die Wuchsstärke vor, wobei durchaus Sortenunterschiede bestehen.

Je nach Platzangebot und Ansprüchen der Baumbesitzer ist eine Auswahl anhand der oben genannten Kriterien möglich. Darüber hinaus sollte die **Wuchsstärke** der unterschiedlichen, aufgepfropften Sorten bei der Entscheidung berücksichtigt werden. Dabei ist es stets sinnvoll, auf fachkundige Hilfe zurückzugreifen.

Die Bezeichnungen Hochstamm, Halbstamm oder Stammbusch sagen nur wenig über die Wuchsstärke eines Baumes aus. Sie ist in erster Linie von der Art der Unterlage abhängig. Die Wuchsstärke der Sorte steht erst an zweiter Stelle. Mit dem Schnitt hat man zwar Einfluss auf den Wuchs des Baumes, allerdings nur in Abhängigkeit von den erstgenannten Kriterien. So wird es beispielsweise nicht gelingen, die stark wachsende Sorte „Boskoop" auf einer stark wachsenden Sämlingsunterlage zu einem ertragreichen, schwachwüchsigen Spalier zu schneiden. Ebenso ist es nicht möglich, die schwach wachsende Sorte „Purpurroter Cousinot" auf einer sehr schwach wachsenden Typenunterlage M 9 zu einem standfesten Hochstamm heranzuziehen.

Bei ausreichendem Platz ist ein freistehender Baum als **Halb- oder Hochstamm** auf mittelstark oder stark wachsender Unterlage sicherlich die schönste Variante für einen Obstbaum im Garten. **Stammbüsche**, also Bäume mit sehr niedrigem Kronenansatz auf schwach wachsender Unterlage, haben den Vorteil, nicht zu groß zu werden. Allerdings nehmen sie im unteren Bereich mehr Platz ein, da man sie aufgrund ihrer geringen Wurzelausbildung nicht optimal aufasten kann. Das heißt, die unteren Seitentriebe können nicht einfach entfernt werden, um den Stammbusch in einen Hochstamm zu verwandeln.

Anhand der „Wuchsgesetze" lässt sich die Entwicklung eines Baumes besser einschätzen.

Hat man weniger Platz zur Verfügung, ist ein **Spalier** auf der Grundlage einer schwach wachsenden Unterlage eine hervorragende Möglichkeit, auch auf engem Raum einen hohen Ertrag zu erzielen. Die notwendigen Pflegearbeiten sind zwar etwas umfangreicher, aber leicht auszuführen. Hat man die Prinzipien des Obstbaumschnittes im Wesentlichen verstanden, macht die Pflege Freude und der Ernteerfolg ist die gebührende Belohnung.

Unterlagen bei anderen Arten

Auch bei anderen Obstarten stehen mehrere Unterlagen mit verschiedenen Eigenschaften zur Verfügung. Die wichtigsten sind in den Kapiteln zu den einzelnen Arten aufgeführt.

Wuchs

Jeder Baum wächst anders. Trotzdem gibt es allgemeine Wuchseigenschaften, die hier „Wuchsgesetze" genannt werden.

Alle Zweige, die sich oben in der Baumkrone befinden, dick oder senkrecht sind, wachsen stark – sie zu entfernen, bedeutet, einen starken Schnitt und eine starke Reaktion des Baumes hervorzurufen.

Alle Zweige, die sich unten in der Baumkrone befinden, dünn oder waagerecht sind, wachsen vergleichsweise schwach – sie zu schneiden, stellt nur einen geringen Eingriff dar und bewirkt eine schwache Reaktion des Baumes.

Die „Wuchsgesetze"

Starkwüchsig:	**Schwachwüchsig:**
Zweige, die	Zweige, die
– oben	– unten
– dick	– dünn
– senkrecht sind	– waagerecht sind

Ein dünner, waagerechter Ast wächst beispielsweise weniger stark als ein dicker, waagerechter Ast. Ein senkrechter Ast im oberen Teil des Baumes wird hingegen immer stärker wachsen als ein senkrechter Ast im unteren Teil des Baumes.

Mit dieser vereinfachten Darstellung der Wuchskräfte ist es in den meisten Fällen möglich, den Zustand eines Baumes und die Auswirkungen des Schnittes richtig einzuschätzen.

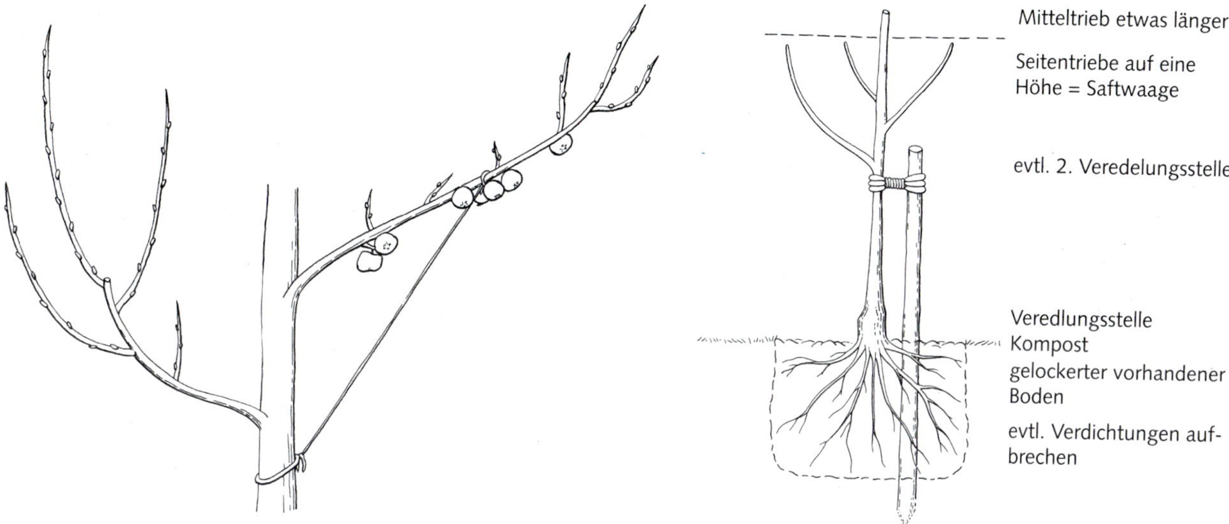

Wuchsgesetze: Bei steilen Ästen steht das Wachstum im Vordergrund (linke Seite), bei flachen Ästen geht das Triebwachstum zugunsten der Fruchtbildung zurück (rechte Seite).

Baumaufbau und Neupflanzung

1.1.2 Praxis

Pflanzung

Die richtige Pflanzung von Obstbäumen ist eine wesentliche Voraussetzung für das optimale Anwachsen und die weitere Entwicklung.

Dabei sollte die **Veredlungsstelle am Wurzelhals stets über der Erde** liegen. Andernfalls bildet die veredelte Sorte eigene Wurzeln und die Vorteile der Unterlage gehen verloren.

Nach dem Ausheben der Pflanzgrube sollte als erstes der **Pfahl** eingeschlagen werden, damit es später nicht zu Verletzungen an der Wurzel oder im Bereich der Krone kommt. In wühlmausgefährdeten Bereichen kann ein unverzinkter Drahtkorb als **Wurzelschutz** in das Pflanzloch eingelassen werden. Um den **Wühlmäusen** den Zugang von oben zu verwehren, muss der obere Rand des Drahtkorbes die Pflanzgrube unbedingt so weit überragen, dass er nach der Pflanzung zum Stamm hin umgebogen werden kann. Danach wird der geschnittene Baum (s. Pflanzschnitt S. 15) in das Pflanzloch gehalten, während es nach und nach mit dem ausgehobenem Boden aufgefüllt wird. Das Festtreten der Erde ist sowohl zwischendurch als auch am Ende sinnvoll. Soll der Boden mit sehr humusreicher Erde, z. B. Kompost, angereichert werden, darf diese nur in die oberste Schicht eingearbeitet werden, weil es in tieferen Schichten

Der gezielte Pflanzschnitt und eine über der Erde liegende Veredelungsstelle sind die bedeutsamsten Kriterien für eine bestmögliche Obstbaumpflanzung.

unter Luftmangel zu Fäulnisbildung kommen kann. In einem letzten Schritt wird der Baum z. B. mit Kokosstrick so **am Pfahl angebunden**, dass er fest steht. Falls notwendig kann zusätzlich ein **Wildverbissschutz** angebracht werden.

Schnitt

Werkzeuge

Gartenschere

Eine gute Gartenschere ist das wichtigste Werkzeug beim Schneiden von Obstbäumen. Sie wird für den Schnitt aller Zweige bis ca. Daumendicke benötigt. Bei sehr großen Bäumen findet sie meist nur noch beim Entfernen von so genannten Wasserreisern Verwendung.

Erhältlich sind Scheren mit Klinge und Gegenklinge (**Bypassscheren)** oder mit einer **Ambossklinge**. Erstgenannte sind für gezielte Schnitte im Baum wesentlich besser geeignet, da hiermit dichter am nächst dickeren Ast gearbeitet werden kann und Quetschungen ausbleiben.

Astschere

Mit Astscheren kann man zwar dickere Äste schneiden, braucht dazu allerdings beide Hände und relativ viel Platz. Zum Zerkleinern größerer abgesägter Äste am Boden ist eine Astschere daher zweifellos das geeignete Werkzeug. Für den Gebrauch im Baum bzw. auf einer Leiter sind Astscheren eher unzweckmäßig.

Astsäge

Das zweite unverzichtbare Werkzeug ist die Astsäge. Bei den unterschiedlichen Modellen hat die **Bügelsäge** mit verstellbarem Sägeblatt und Schnellspanneinrichtung den Vorteil, auch in den spitzesten Winkeln einiger Astgabeln genau auf Astring sägen zu können. Für die meisten anderen Astgabeln sind **Schwertsägen** ebenfalls geeignet. Persönliche Vorlieben spielen hier sicherlich auch eine Rolle.

Teleskopschere

Scheren an einem langen Stiel werden vor allem zum Schneiden dünner, schwer erreichbarer Äste im Außenbereich von Bäumen eingesetzt. Allerdings ist der Schnitt dieser Zweige meist unwichtig und kann unterbleiben. Da er oft auch nur ungenau ausgeführt werden kann, schadet er dem Baum mehr als er nützt.

Teleskopsäge

Der lange Stiel in Verbindung mit einer Säge kommt vor allem bei sehr großen, ausladenden Bäumen zum Einsatz, bei deren Schnitt eine Leiter nicht ausreicht, um die geplanten Schnittstellen zu erreichen. Der Einsatz der Säge am Stiel ist in der Regel präzise genug. Er erfordert jedoch einen erheblichen Kraftaufwand.

Kopulierhippe

Die Hippe ist ein Messer mit gebogener Klinge, das zur Pflege und vor allem zum Nachschneiden der rauen Schnittwundenränder benötigt wird. Das Herausschneiden von Wasserreisern und Stammaustrieben im Sommer kann ebenfalls gut mit diesem Werkzeug erledigt werden.

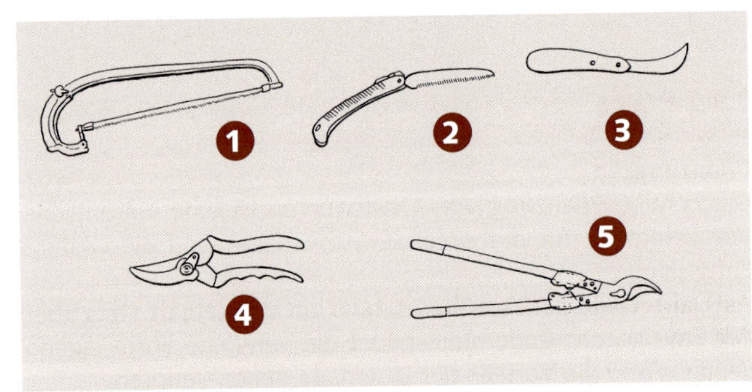

1. Bügelsäge, 2. Schwertsäge, 3. Kopulierhippe, 4. Gartenschere, 5. Astschere.

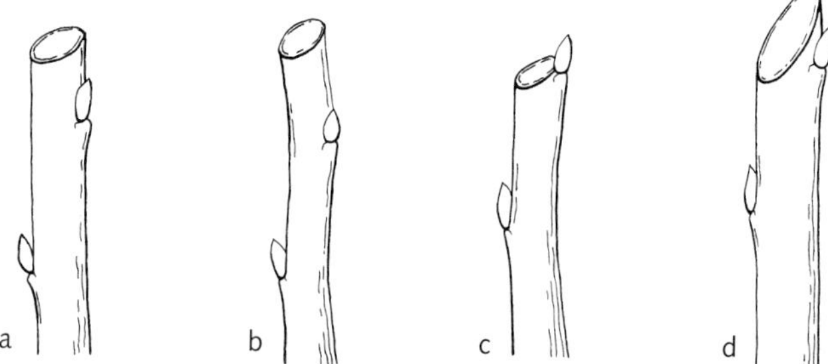

Schnittführung beim Einkürzen
a) Optimaler Schnitt
b) Zapfen über der obersten Knospe ist zu lang und kann nicht überwallen.
c) Zu nah an der Knospe geschnitten: Sie bricht leicht aus oder vertrocknet.
d) Schnitt zu schräg: Wunde ist zu groß, Knospe trocknet ein.

Techniken

Beim Einkürzen eines Triebes darf der Abstand zu der letzten Knospe nicht zu groß sein, da das Stück dann eintrocknet und nicht überwallt. Er darf aber auch nicht zu klein sein, damit die Knospe nicht vertrocknet.

Das Einkürzen von Trieben bewirkt ein verstärktes Austreiben der letzten drei Knospen. Normalerweise treibt die oberste Knospe am kräftigsten aus. Daher wählt man die Schnittstelle so aus, dass die letzte verbleibende Knospe in die gewünschte Wuchsrichtung zeigt. Sollte dies nicht der Fall sein, lässt sich die Richtung im darauffolgenden Jahr unproblematisch korrigieren.

Äste auf Astring schneiden

Alle Zweige und Äste werden auf Astring geschnitten. Damit der Ast dabei nicht einreißt, lässt man zunächst ein kurzes Stück stehen und schneidet gezielt nach, wie in der Zeichnung mit dem 1., 2. und 3. Schnitt verdeutlicht wird. Abweichende Techniken beim Steinobst sind in dem entsprechenden Kapitel S. 34 erläutert.

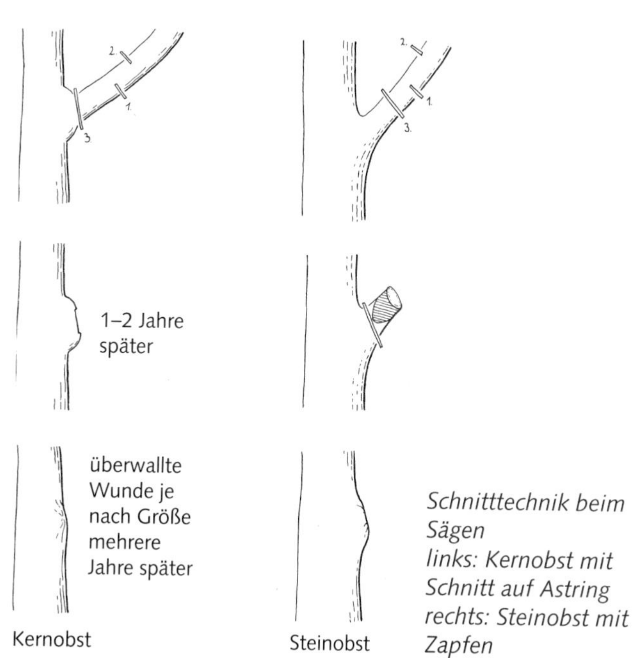

Schnitttechnik beim Sägen
links: Kernobst mit Schnitt auf Astring
rechts: Steinobst mit Zapfen

Schnittwunden

Schnittwunden müssen grundsätzlich nicht behandelt werden. Vitale Bäume sind in der Lage, Wunden zu verschließen, das heißt durch **Kallusbildung** vom Wundrand her zu überwallen. Zwar kann sich der Wundverschluss bei nicht vitalen Bäumen verzögern oder ganz ausbleiben, eine Wundbehandlung verbessert den Erfolg allerdings nicht. Offene Wunden trocknen schneller ab und bieten Pilzen und Bakterien deshalb keine Ansiedlungsgrundlage. Ebenso können Wundverschlussmittel nur selten unter optimalen Bedingungen aufgetragen werden. Sowohl durch eine nasse Schnittfläche vor dem Verstreichen als auch durch kleine Löcher im Belag kann sich Feuchtigkeit unterhalb des Wundverschlussmittels halten und einen Nährboden für schädliche Organismen bieten. Die Behandlung wirkt sich in diesem Fall eher negativ aus.

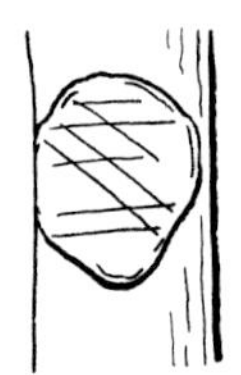

Schnittwunden und deren Überwallen: a) frische Schnittwunde, b) 1–2 Jahre später, c) mehrere Jahre später ist die Wunde komplett verschlossen

Schnittzeiten
Winterschnitt von Januar – Anfang April (kurz vor dem Neuaustrieb)
Sommerschnitt von Juli – August (nach Johanni, 24. Juni)

	Winterschnitt	Sommerschnitt
Vorteile	– Baum ist in Ruhe = gute Sicht auf alle Zweige – keine Gefahr, Früchte zu beschädigen – Schnitt regt das Wachstum bei schwach wachsenden Gehölzen an	– Baum ist im Wachstum = schnelles Überwallen der Schnittwunden – Schnitt bremst das Wachstum bei stark wachsenden Gehölzen
Nachteile	– Schnitt regt das Wachstum bei stark wachsenden Gehölzen an – Überwallen der Schnittwunden erst mit dem Frühjahrsaustrieb	– Schlechte Sicht auf die Zweige – Gefahr, Früchte zu beschädigen
Was wird geschnitten?	– Alles, was in dem Alter und Zustand des Baumes notwendig ist, auch dickere Äste	– Starker Neuaustrieb wird zu 2/3 ganz herausgeschnitten, bei Spalieren und beim Steinobst wird er zum Teil eingekürzt – Stammaustriebe oder Wildtriebe

Schnittarbeiten an Obstbäumen werden vorwiegend im Winter durchgeführt. In diesen Monaten hat man im frucht- und blattlosen Baum den besten Überblick. Zudem fallen die Schnittarbeiten in die arbeitsarme Zeit.

Da mit dem **Winterschnitt** das Wachstum des Baumes angeregt wird, ist es gerade nach starkem Schnitt und bei stark wachsenden Sorten unbedingt notwendig, den **Baum im Sommer zu kontrollieren.** Hat der Baum sehr viel Neuaustrieb, empfiehlt es sich, diesen bereits im Sommer zu reduzieren. Mit dem **Sommerschnitt** erreicht man eine Verlangsamung des Wachstums, da dem Baum Blattmasse und damit Assimilationsfläche genommen wird.

Alle **Steinobstarten vertragen den Sommerschnitt besser** als den Winterschnitt. Besonders Süßkirschen sollten nach oder während der Ernte geschnitten werden (s. S. 37). Aber auch für Sauerkirschen, Pfirsiche und Aprikosen ist dieser Schnittzeitpunkt günstiger.

Sommerschnitt: Herausschneiden und Einkürzen bei starkem Neuaustrieb

Bei allen jungen Bäumen bis zu einem Alter von zehn Jahren schneidet man jedes Jahr im Winter und kontrolliert im Sommer. Die älteren Bäume mit einem guten Aufbau können in größeren Abständen (2–3 Jahre) einem Pflegeschnitt unterzogen werden. Längere Zeiträume zwischen den Schnittmaßnahmen würden die kontinuierliche Pflege jedoch erschweren.

„Schnittgesetze" beim Winterschnitt:

starker Schnitt (auch viele kleine) = starker Austrieb

schwacher (kein) Schnitt = schwacher Austrieb

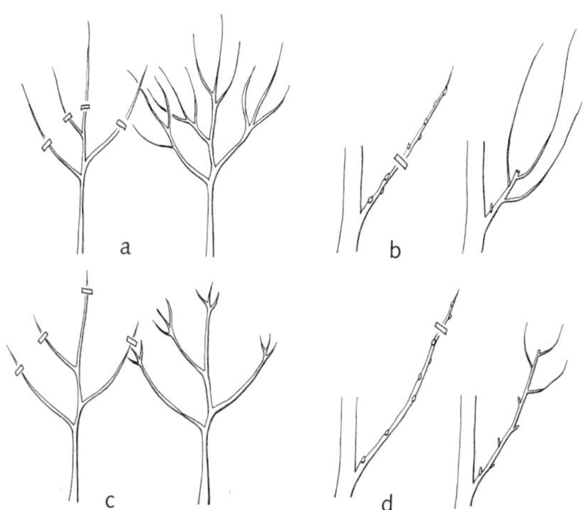

Schnittgesetze: Auswirkungen des Rückschnittes
a) und b) auf starken Schnitt erfolgt eine starke Reaktion = starkes Wachstum
c) und d) auf schwachen Schnitt erfolgt eine schwache Reaktion = schwaches Wachstum

Das Einkürzen von Trieben bewirkt einen verstärkten Austrieb der obersten Knospen (Augen) des verbleibenden Triebteils. Je umfangreicher der Rückschnitt ausgeführt wird, desto stärker erfolgt der Neuaustrieb.

Saftwaage

Alle Teile des Baumes, die sich auf einer Höhe befinden, werden gleichmäßig mit Nährstoffen versorgt und wachsen daher etwa gleich stark – dies bezeichnet man als **Saftwaage**. Nach dem Schnitt sollte die Mitte immer etwas höher als die Leitäste sein, damit sie auch langfristig immer ein wenig stärker wächst (s. Baumaufbau S. 14ff). Die Enden der Leitäste sollten sich hingegen auf einer Höhe befinden, damit sie gleich stark wachsen.

Winterschnitt regt das Wachstum an: Das ist bei schwach wachsenden Bäumen ein Vorteil, bei stark wachsenden ein Nachteil.

Erziehungsformen

Grundsätzlich unterscheidet man bei Obstbäumen zwischen 5 verschiedenen Erziehungsformen:

Rundkrone: Kleine bis große Bäume mit Mitteltrieb und drei bis vier Hauptseitenästen
Hohlkrone: Kleine bis große Bäume ohne Mitteltrieb und vier bis fünf Hauptseitenästen
Spindel: Kleine Bäume mit Mitteltrieb und einer kegelförmigen Anordnung der Seitenäste
Spalier: Kleine Bäume am Gerüst mit zweidimensionaler Krone
Ballerina: Sehr kleine Bäume mit Mitteltrieb und sehr kurzen Fruchtholztrieben

Schnitt in den verschiedenen Lebensstadien des Baumes am Beispiel der Rundkrone

Unterschiedliche Schwerpunkte beim Pflegeschnitt ermöglichen den optimalen Aufbau und die beste Nutzung langlebiger, ertragreicher Obstbäume. Um stabile Bäume zu erhalten, hat es sich bewährt, den Aufbau mit einem durchgehenden Stamm, einem daraus hervorgehenden Mitteltrieb und drei Hauptseitenästen zu wählen – die so genannte Rundkrone.

Ausgehend von dieser wichtigen Baumform werden die allgemeinen Schnittvarianten im Folgenden erklärt. Sie gelten im Wesentlichen für alle zur Verfügung stehenden Veredlungsunterlagen.

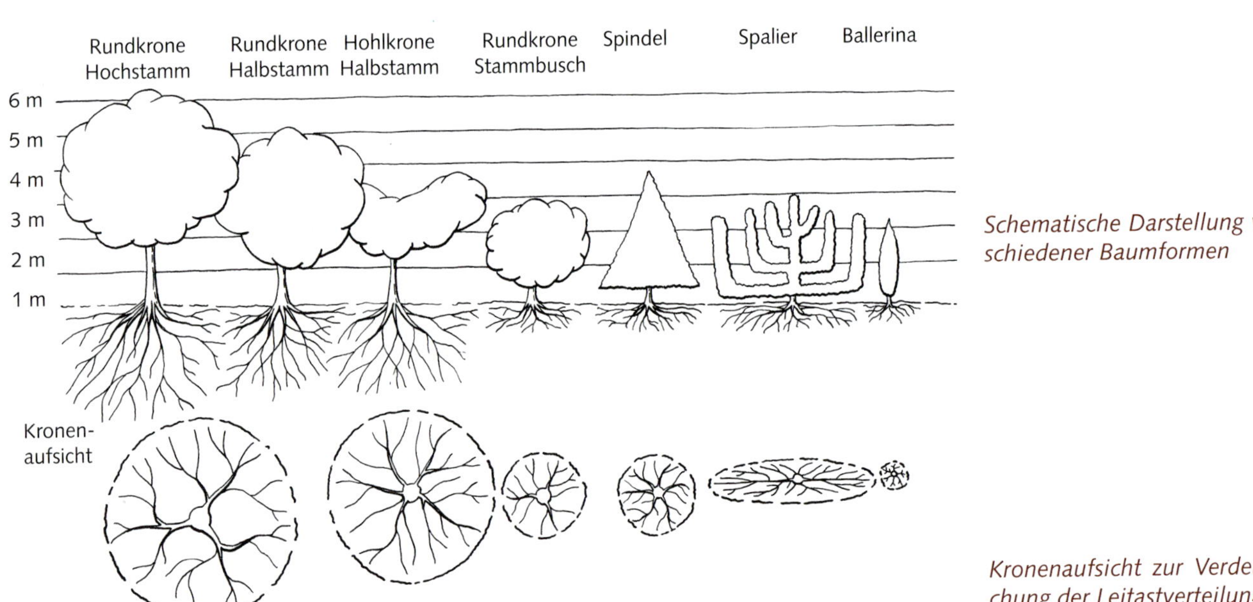

Schematische Darstellung verschiedener Baumformen

Kronenaufsicht zur Verdeutlichung der Leitastverteilung

Pflanzschnitt

Der Pflanzschnitt ist bei der Neupflanzung von Bäumen bedeutsam. Durch das Ausgraben in der Baumschule sind dem Baum viele Wurzeln verloren gegangen. Mit dem Schnitt des Baumes vor der Pflanzung erreicht man eine Wiederherstellung des Gleichgewichtes zwischen Krone und Wurzel. Nur auf diese Weise wird ein guter Austrieb des neu gepflanzten Baumes gewährleistet. Darüber hinaus werden beim Pflanzschnitt erste Korrekturen für den stabilen Kronenaufbau vorgenommen. Verzichtet man auf den Pflanzschnitt, wächst der Baum schlechter an und treibt weniger aus. Er hat in dem Fall keinen altersgerechten Zuwachs, weswegen man von vorzeitiger Vergreisung spricht (s. Der junge Baum S. 23).

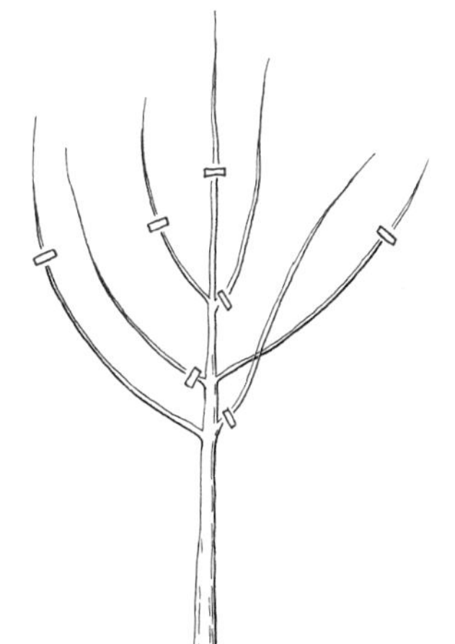

Pflanzschnitt

Neben der Stammverlängerung, also der Mitte des Baumes, benötigt man 3–5 starke Seitenäste, die möglichst gleichmäßig um den Baum verteilt sein sollen. Sind mehr Seitenäste vorhanden, werden die für den Aufbau nicht brauchbaren entfernt. Für die verbleibenden Äste ist ein Winkel von ca. 45 Grad zwischen Stamm und Seitenast besonders günstig. Triebe, die senkrecht und parallel zur Mitte wachsen, nennt man Konkurrenztriebe. Diese müssen unbedingt komplett entfernt werden, da sie ansonsten eine zweite Spitze bilden, die langfristig einen optimalen Kronenaufbau verhindert.

Schließlich werden sowohl die Spitze als auch die Seitenäste um mindestens ein Drittel eingekürzt. Dabei sollten alle Seitenäste ungefähr die gleiche Höhe haben (**Saftwaage**) und die Spitze etwa eine Scherenlänge darüber stehen, damit sie auch weiterhin etwas höher als die Seitenäste bleibt.

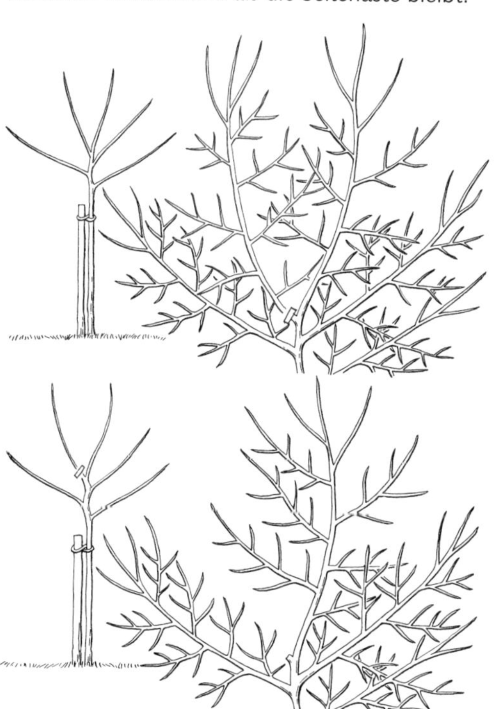

Konkurrenztriebe müssen komplett entfernt werden.

Mit dem Pflanzschnitt wird die Grundlage für einen stabilen und langlebigen Kronenaufbau gelegt. Er gibt dem jungen Baum einen guten Start für ein langes, ertragreiches Leben.

Die Wurzelspitzen dürfen nur minimal angeschnitten werden, um das Wurzelwachstum anzuregen. Damit der Saftstrom nicht unterbrochen wird, dürfen die Wurzeln beim Pflanzen im Pflanzloch nicht abknicken.

Erziehungsschnitt

Nachdem der Baum gut angewachsen ist und ausgetrieben hat, gilt es, hauptsächlich in den ersten Standjahren ein stabiles Leitastgerüst herzustellen.

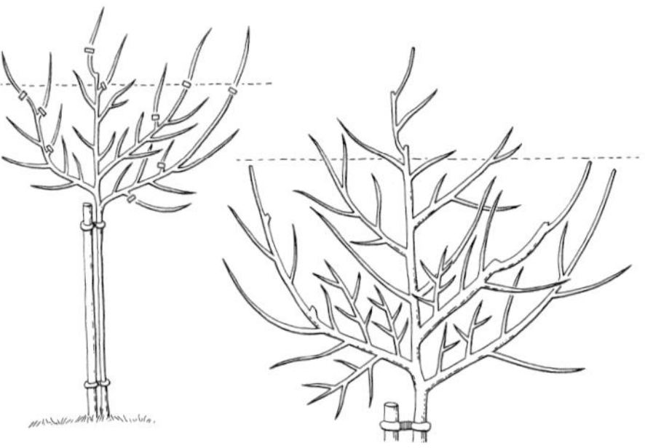

Erziehungsschnitt bei der Rundkrone

Wenn alle Zweige eingekürzt werden, erfolgt ein zu starker Austrieb und damit ein zu dichter Wuchs.

Die Mitte und die **Leitäste** (die wichtigsten 3–4 Seitenäste) werden immer wieder eingekürzt, um ihr Wachstum zu fördern.

Schnitt eines Leitastes

Alle anderen Zweige, die nicht ganz heraus geschnitten werden, dürfen nicht eingekürzt werden. Außerdem muss die Krone jedes Jahr von zu dicht stehenden, nach innen wachsenden und starken senkrechten Trieben befreit werden. Das heißt aber nicht, dass alle kleinen Äste und Zweige im Inneren der Krone entfernt werden müssen. Die **Saftwaage** muss weiterhin beachtet werden: Die Spitze des Baumes sollte immer etwas über den Enden der Leitäste stehen. Stammaustriebe unterhalb des Kronenansatzes können sich zu Konkurrenztrieben entwickeln und werden deshalb als Ganzes abgeschnitten.

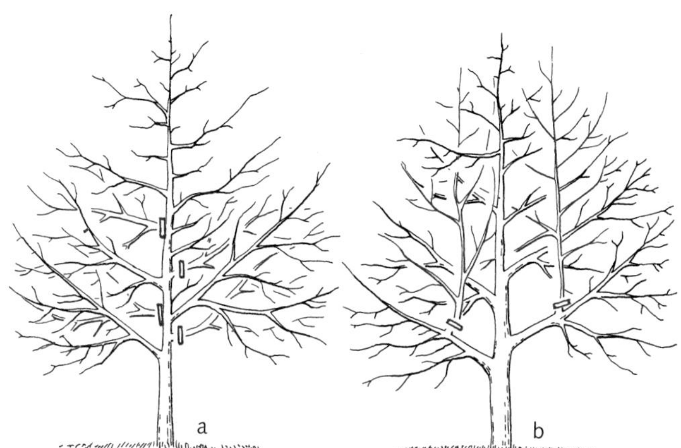

Fortführung des Erziehungsschnittes: a) Entfernen zu eng stehender Äste und b) Entfernen senkrechter Äste (am Beispiel eines Spindelbaumes)

Wenn die Triebe in einem ungünstigen Winkel stehen, kann man dies durch Abspreizen und Binden korrigieren.

Binden und Spreizen

Schneiden ist die einfachste und schnellste Methode für eine erfolgreiche Erziehung der Krone. Binden oder Spreizen ist grundsätzlich aufwändiger und nur bei noch biegsamen Ästen möglich. Die Methode empfiehlt sich vor allem bei jungen Bäumen, die zu wenige Äste haben (z. B. beim Pflanzschnitt). Triebe, die zu waagerecht stehen, müssen hochgebunden werden. Dagegen müssen Triebe, die zu steil sind, weiter abgespreizt werden. Für das Binden und Spreizen ist der Juni günstig, da die Äste in diesem Monat besonders biegsam sind. Die Hilfsmittel müssen bis zum Ende der Vegetationsperiode im Oktober am Baum bleiben.

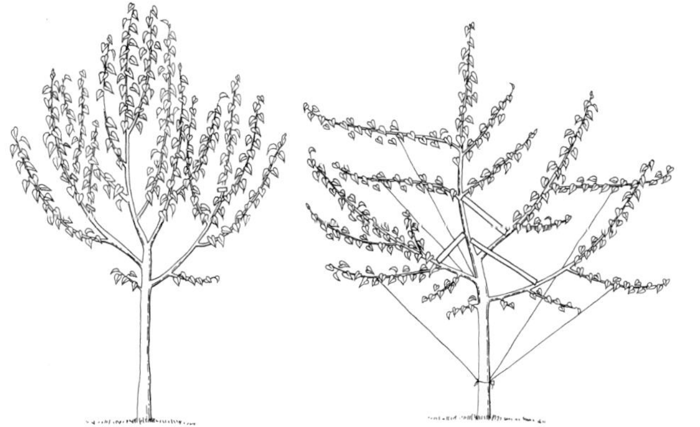

Binden und Spreizen in Verbindung mit dem Sommerschnitt

Binden und Spreizen unterstützt den optimalen Kronenaufbau.

Auslichtung

Ist der Erziehungsschnitt nach 5–10 Jahren abgeschlossen, sollte der Baum einen stabilen Aufbau und ein Gleichgewicht zwischen jungem und Frucht tragendem Holz haben. Er befindet sich ab jetzt im **Hauptertragsstadium.**

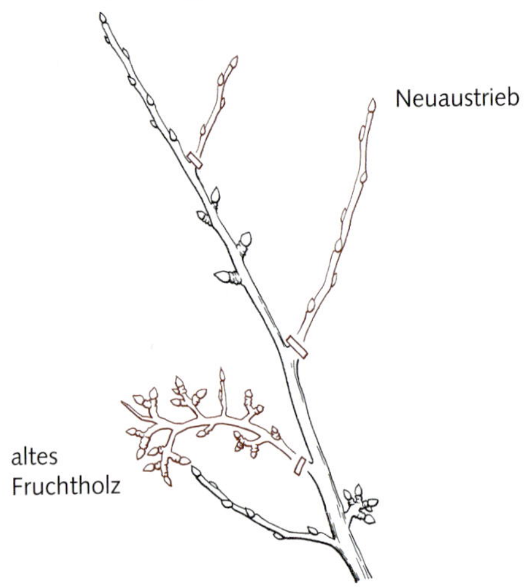

Entfernen von zuviel Neuaustrieb und altem Fruchtholz an den Zweigenden, ohne diese einzukürzen.

Ein Gleichgewicht im Kronenaufbau zwischen Wachstum und Fruchtertrag herzustellen und zu erhalten, ist über viele Jahre das Ziel.

Diesen Zeitraum sollte man möglichst lange erhalten. Dafür sind in regelmäßigen Abständen Korrekturen notwendig, die für eine ausreichende Belichtung und Belüftung im Baum sorgen und ein gleichmäßiges Wachstum unterstützen. Zu dicht stehende Äste und altes Fruchtholz werden immer wieder entfernt. Das Einkürzen von Zweigen wird in diesem Alter des Baumes nur noch in Ausnahmefällen zur Stärkung der Hauptseitenäste vorgenommen. Auf keinen Fall dürfen alle einjährigen Triebe entfernt oder eingekürzt werden, da dies den Baum in seinem Wuchsverhalten aus dem Gleichgewicht bringt.

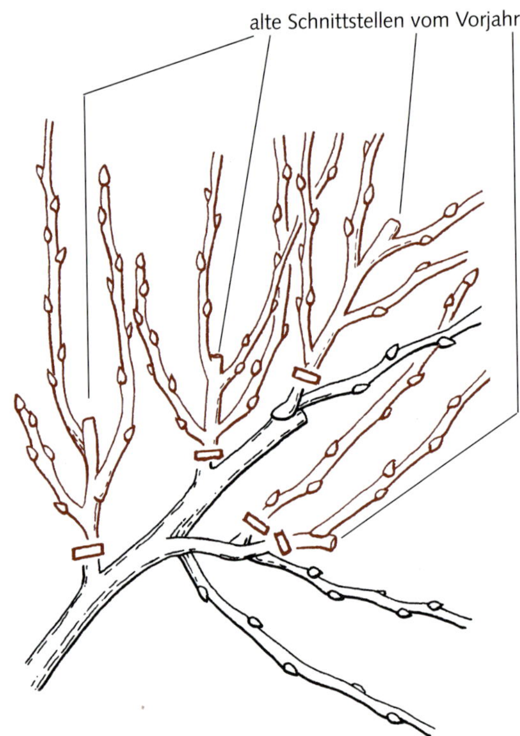

Korrektur, nachdem im Vorjahr alle einjährigen Triebe eingekürzt wurden.

Die Schnittarbeit muss stets darauf ausgelegt sein, nur das Notwendige zu schneiden und den Baum ansonsten ungehindert wachsen zu lassen. Der Baum ist ausreichend belichtet, wenn man sich zum Ernten und Schneiden relativ gut darin bewegen kann.

Auslichtungsschnitt bei einer Apfelkrone im Hauptertragsstadium

Vorrangiges Ziel ist es, ein Gleichgewicht im Kronenaufbau sowie zwischen Wachstum und Fruchtertrag herzustellen und über einen langen Zeitraum zu erhalten.

Abbau von Überlagerungen

Als Überlagerungen werden Äste bezeichnet, die für ihren Platz in der Krone zu stark sind und zu viel Schatten auf tieferliegende Bereiche werfen. Sie entstehen dadurch, dass der Saftstrom und damit die Versorgung mit Nährstoffen den oberen Teil der Bäume stets bevorzugt. Überlagerungen machen den Baum langfristig instabil und müssen deshalb rechtzeitig verhindert werden. Es ist hierfür ratsam, größere Äste als Ganzes herauszuschneiden, statt viele kleine Schnitte durchzuführen.

Überlagerung bei einer Apfelrundkrone
a) Der Baum wächst sehr schief und hat im oberen Bereich Überlagerungen ausgebildet; zur Stabilisierung der Krone ist ein relativ starker Eingriff notwendig
b) Nach dem umfangreichen Schnitt sind über einige Jahre weitere kleinere Korrekturen erforderlich

Verjüngung und Stabilisierung

Zum Erhalt sehr alter oder vergreister Bäume ist manchmal ein extremer Schnitt erforderlich. Das Ziel beim Verjüngungsschnitt ist es, den Baum zu entlasten, gut zu belichten und durch den starken Rückschnitt zum Neuaustrieb anzuregen. Erfolgt dieser Neuaustrieb, muss je nach Stärke im Sommer nachgearbeitet werden. Sind viele einjährige Triebe, so genannte **Wasserreiser**, entstanden, werden diese auf wenige brauchbare reduziert. Allerdings ist der Neuaustrieb aus dem dicken Holz im unteren Bereich des Baumes zu schonen und weiter zu entwickeln, da er die Option einer weiteren Kronenreduzierung birgt. Zur Stärkung werden diese Triebe eingekürzt, wie man es vom Erziehungsschnitt her kennt.

Junge Triebe in alten Bäumen sind Gold wert!

Andere Erziehungsformen

Neben der großen Rundkrone auf starkwüchsiger Unterlage gibt es bei vielen Obstgehölzen alternative Erziehungsformen, den Baum optimal zu nutzen. Insbesondere sind dabei jene Möglichkeiten gefragt, die es erlauben, einen Obstbaum mit wenig Platzbedarf kultivieren zu können. Die erste Voraussetzung dafür ist eine schwach wachsende Veredlungsunterlage. Durch den Schnitt erfolgt dann die Erziehung zu einer kleinen Rundkrone, einer Spindel oder einem Spalier.

Hohlkrone

Die Hohlkrone oder auch Trichterkrone ist ein Baum mit unterschiedlich hohem Stamm auf stark oder mittelstark wachsender Unterlage und einer Krone aus ca. fünf starken Hauptseitenästen **ohne Mitteltrieb**. Der fehlende Mitteltrieb ermöglicht eine gute Belichtung der gesamten Krone von oben, was vor allem bei hohen Sonnenständen von Vorteil ist. Auf der anderen Seite führt der fehlende Mitteltrieb zu einer geringeren Stabilität des Baumes, da sich besonders im Ansatzpunkt der Hauptseitenäste ein Schwachpunkt mit Bruchgefährdung befindet. Besonders in windigen Regionen muss diese Tatsache Berücksichtigung finden.

Spindel

Die Spindel ist eine kleine, pyramidale Baumform mit Mitteltrieb und gleichstarken Seitenästen. Die Belichtung aller Äste wird dadurch gewährleistet, dass die untersten Seitenäste am breitesten sind und die Krone nach oben hin immer schmaler wird. Um stets ertragreiches junges Fruchtholz im Baum zu haben, ist es bei der Spindel erforderlich, altes Fruchtholz alle paar Jahre als ganze Äste zu entfernen und aus jungen Trieben neues Fruchtholz aufzubauen. Bei stark wachsenden Sorten ist es hilfreich, die Spitze nicht zu schneiden, da man so einen zu starken Neuaustrieb verhindert. Ein Nachteil kann entstehen, wenn sich die zu lange Spitze herunter biegt und eine Überlagerung ausbildet. Reduziert man diese Überlagerung jedoch auf einen senkrechten Seitenast, ist das Problem schnell behoben (s. Abbau von Überlagerungen). Da die schwach wachsende Unterlage nur schwache Wurzeln bildet, muss der Baum immer durch einen Pfahl stabilisiert werden.

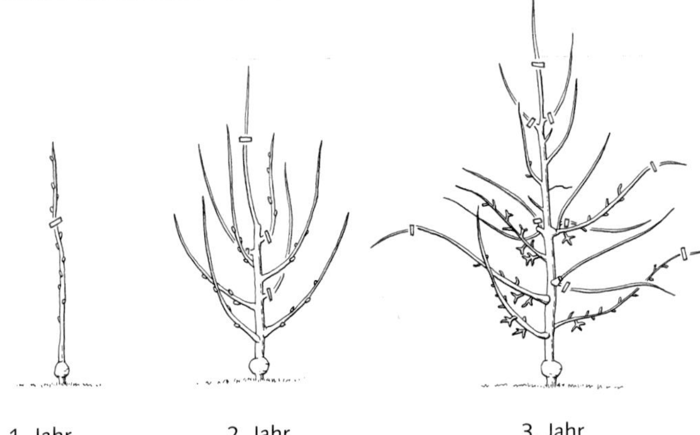

Erziehungsschnitt junger Spindel im 1., 2. und 3. Jahr

Erziehungsschnitt mehrjähriger Spindel *Hohlkrone*

Spalier

Spaliere stellen eine besondere Erziehungsform der Obstbäume dar. Es handelt sich dabei um Bäume, die an einem Gestell bzw. an einer Wand zu einem eher kleinen, wenig Platz beanspruchenden Baum herangezogen werden. Das hat den Vorteil, dass man auch auf engem Raum einen Baum pflanzen und etwa die Wärme einer Hauswand für das Wachstum nutzen kann. Um diese spezielle Wuchsform zu erreichen, sind allerdings bestimmte Schnitt- und Bindetechniken erforderlich. Es gibt unterschiedliche Formen von Spalieren, die jedoch alle den gleichen Prinzipien unterliegen.

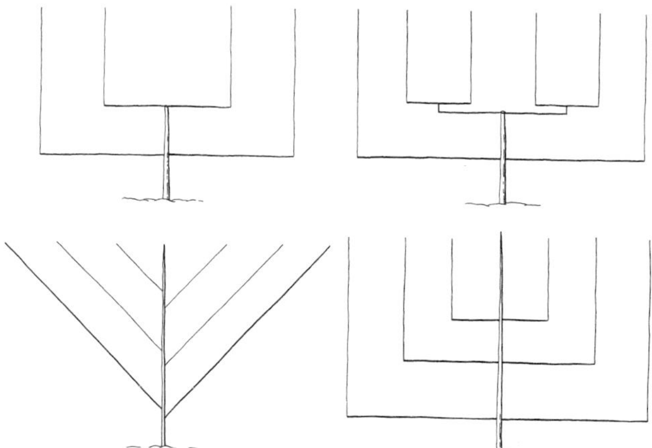

Für unterschiedliche Spalierformen gibt es viele Möglichkeiten. Die Seitenäste sollten immer auf einer Höhe enden.

Anhand eines Beispiels sollen diese hier erläutert werden:

Spaliere können mit oder ohne Mitteltrieb erzogen werden. Die Erziehung mit Mitteltrieb hat jedoch den Vorteil, dass dieser etwas länger bleibt und damit einen Teil der Wuchskräfte aufnehmen kann. Besonders bei stark wachsenden Sorten kann so ein zu ausgeprägtes Triebwachstum verhindert werden.

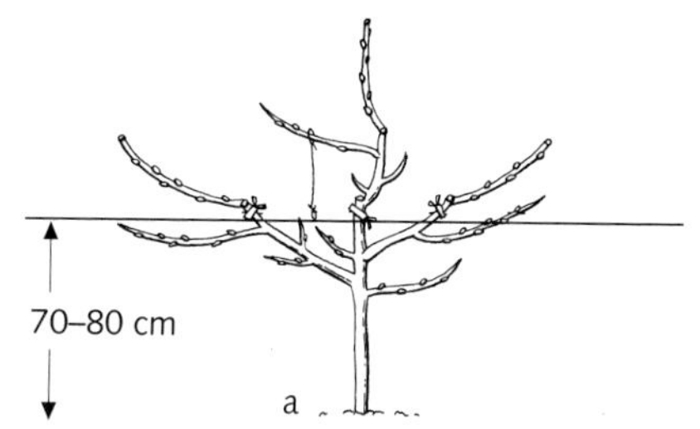

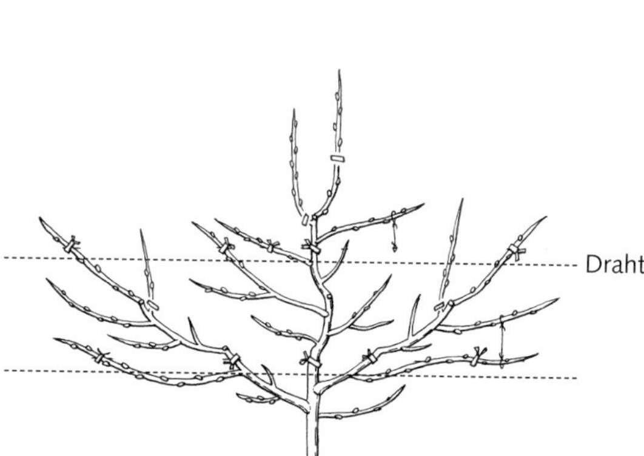

a) Pflanzschnitt für ein Spalier
b) Erziehungsschnitt beim Spalier im 2. Jahr

Mit einem Spalier kann man hohe Erträge mit geringstem Platzbedarf kombinieren.

Bei allen Formen werden die Hauptseitenäste waagerecht gebunden, um daran möglichst viel Fruchtholz auszubilden. Damit die Hauptäste des Spaliers langfristig wüchsig, das heißt optimal mit Saft und damit Nährstoffen versorgt bleiben, empfiehlt es sich, die Enden wieder senkrecht nach oben anzubinden. Nur wenn alle Enden hoch stehen und sich auf einer Höhe, das heißt in Saftwaage befinden, ist eine gleichmäßige Versorgung gewährleistet. Belässt man die Enden hingegen in der Waagerechten, werden die unteren Äste schwächer und die oberen stärker, da diese bevorzugt versorgt werden (s. Wuchsgesetze S. 8).

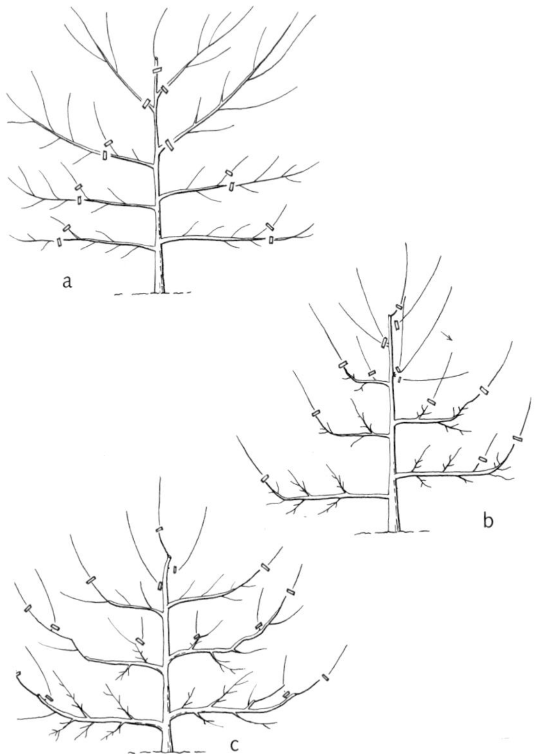

Überlagerung beim Spalier
a) Werden die unteren Äste nur waagerecht gebunden, entwickeln sich die oberen Äste schnell zu stark.
b) Nach dem ersten Korrekturschnitt bindet man die Enden der Äste nach oben.
c) In 3–4 Jahren ist der Aufbau weitgehend korrigiert.

Die langen Neuaustriebe beim Spalier müssen im Sommer mindestens einmal eingekürzt werden. Je nach Wuchsstärke lässt man bei stark wachsenden Bäumen ca. drei, bei schwach wachsenden Bäumen ca. fünf Blätter des Neuaustriebes stehen. Sollten die geschnittenen Zweige sehr stark durchtreiben, ist ein zweites Einkürzen ratsam. Kurze Neuaustriebe werden auch beim ersten Einkürzen nicht geschnitten.

Ballerina
Die Ballerinaobstbäume sind die kleinsten Bäume. Sie bestehen nur aus einem Mitteltrieb mit sehr kurzen Seitentrieben. Diese ursprünglich bei Äpfeln natürlich entstandene Form gibt es in wenigen Sorten, die jedoch nicht alle an das Aroma bekannter Sorten heranreichen. Die Vorteile der extremen Kleinwüchsigkeit werden leider durch eine höhere Anfälligkeit für Pilzkrankheiten wieder aufgehoben. Dennoch gibt es Gründe, Ballerinabäumchen zu pflanzen, wie etwa den hohen Zierwert dieser Säulenform.

Geschnitten werden diese Bäume normalerweise nicht. Es entwickeln sich aber vor allem im oberen Bereich oft stärkere Triebe, die langfristig zu einem Ungleichgewicht führen können. Sie müssen als Ganzes entfernt werden. Den Neuaustrieb durch das Herausschneiden von altem Fruchtholz anzuregen, fällt bei dieser Baumform aufgrund der Schwachwüchsigkeit schwerer als bei anderen Obstbäumen.

Die Züchtungserfolge haben dazu geführt, dass es inzwischen auch zwergwüchsige Aprikosen, Birnen, Kirschen, Pfirsiche und Zwetschen gibt, für die allerdings noch keine überzeugenden Ergebnisse beziehungsweise Empfehlungen vorliegen. Apfelsortenauswahl: Arbat, Flamenco, Polka, Red River, Waltz.

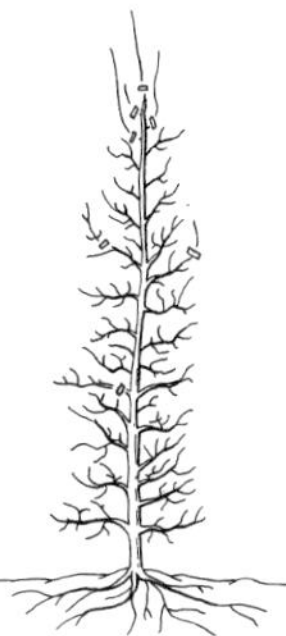

Ballerinaformen müssen fast überhaupt nicht geschnitten werden.

Vorgehensweise beim Schnitt nach Alter und Zustand des Baumes

Vor dem Schnitt muss zunächst der Zustand des Baumes beurteilt werden, damit das Ziel für die Entwicklung und die daraus resultierende Vorgehensweise festgelegt werden können.

Wie alt ist der Baum?
Hat er einen altersgerechten Zuwachs?
Ist er ausreichend belichtet?
Welche Sorte ist es?
Welche besonderen Gegebenheiten sind zu berücksichtigen?

Mit der Beantwortung dieser Fragen ist eine angemessene Beurteilung des Baumes möglich.

Die folgende Tabelle soll einen Überblick über die unterschiedlichen Stadien eines Obstbaumes und deren Pflege geben:

Zustand	Ziel	Vorgehensweise
a. junger Baum		
– Neupflanzung	Anwachsen, guter Start	Pflanzschnitt (starker Rückschnitt)
– wenig Zuwachs	altersgerechter Zuwachs	nachträglicher Pflanzschnitt
– vergreister Zustand	Zuwachs	„Verjüngungsschnitt" (hier = nachträglicher Pflanzschnitt)
– guter Zuwachs	guter Aufbau, Stabilität	Erziehungsschnitt (nur leichte Korrekturen)
b. mittelalter Baum	mittlerer Zuwachs, guter Ertrag, Stabilität	Korrekturen, Auslichtung
c. alter Baum	gute Belichtung gute Stabilität	Auslichtung, Abbau von Überlagerungen
d. greiser Baum	Zuwachs, Stabilität	Verjüngung (Einkürzungen von außen), Stabilisierung
e. verschnittener Baum	gute Belichtung mittlerer Zuwachs stabiler Aufbau	Gleichgewicht wiederherstellen (meistens über mehrere Jahre)

Der junge Baum

Der Pflanzschnitt und auch der Erziehungsschnitt sind die Schnitte, die an jungen Bäumen vorgenommen werden müssen.

Im Jugendstadium des Baumes sollte das **Wachstum** im Vordergrund stehen, damit der Baum einen **stabilen Aufbau** bekommt. In den ersten Jahren ist es also ratsam, auf die ersehnten Früchte zu verzichten und Fruchtstände bereits im Frühjahr zu entfernen, um die Wuchskräfte ins Holz statt in die Frucht zu lenken. Junge Bäume, die viel Fruchtholz und wenig Zuwachs haben, altern frühzeitig, da ihnen die notwendige Ausbildung kräftiger junger Triebe fehlt. Das frühtragende Fruchtholz wird schnell schwächer, so dass weder der Besitzer noch der Baum Vorteile davon haben.

Nach der Beurteilung des Baumes können das Ziel und die notwendigen Schnittmaßnahmen festgelegt werden.

Bäume auf schwach wachsender Unterlage, die nicht groß werden sollen, brauchen ebenfalls immer ein ausgeglichenes Verhältnis zwischen Fruchtholz und jungem Holz. Auch hier kann man nicht auf den Zuwachs zugunsten des Fruchtertrages verzichten.

In diesem Alter können noch grundsätzliche Korrekturen des Aufbaus vorgenommen werden.

Korrektur einer doppelten Spitze

Der Baum in der Hauptertragszeit

Nachdem der Baum in den ersten Jahren einen guten Aufbau erhalten hat, ist das Ziel im mittleren Alter die Herstellung eines **Gleichgewichts** zwischen Neuzuwachs und Fruchtertrag. Der Baum befindet sich jetzt in dem Zeitraum des größten Fruchtertrages im Verhältnis zu seiner Größe. Dieser Zustand soll im Leben eines Obstbaumes möglichst lange erhalten bleiben. Starkwüchsige Bäume wachsen zwar noch, sollen aber auch mehr Früchte ausbilden. Schwach wachsende Sorten sollen den hohen Fruchtertrag möglichst ohne Einbußen über viele Jahre beibehalten. Wichtig ist, dass der Baum oben immer stärker wächst als unten (s. Wuchsgesetze S. 8). Dementsprechend müssen die unteren Äste oft gefördert werden. Im oberen Teil der Krone ist eine stärkere Auslichtung erforderlich, um eine ausreichende Belichtung der unteren Äste zu gewährleisten. Beschattete Äste wachsen schwächer als gut belichtete.

Auslichtungsschnitt bei einem älteren, sehr lange nicht geschnittenen Apfel

Der alte Baum

Schöne, große, alte Obstbäume sind ein kostbarer Schatz im Garten. Sie langfristig zu erhalten, ist das Ziel einer jeden Pflegemaßnahme. Bei alten Bäumen gilt es stets, die Bildung von jungem Holz zu fördern. Dazu ist es notwendig, auch über einige Jahre gebildete Überlagerungen (Äste, die besonders im äußeren Bereich der Baumkrone in mehreren Lagen übereinander liegen) zu entfernen, damit wieder **Licht** in den gesamten Baum einfallen kann. Wenn möglich, sollte im oberen Teil des Baumes damit begonnen werden. Schwächere untere Äste sind eher durch bessere Belichtung zu fördern anstatt sie abzusägen, da man sie oft langfristig zur Stabilisierung der Krone benötigt. Der hohe Fruchtholzanteil ist so weit zu reduzieren, dass genügend Kraft und Platz zur Bildung neuer Triebe vorhanden ist. Gesunde alte Bäume werden auf Auslichtungsmaßnahmen mit ausreichendem Neuaustrieb reagieren. Um diesen nicht zu sehr zu provozieren, sollte die Auslichtung von sehr stark zugewachsenen Bäumen auf mehrere Jahre verteilt werden. Außerdem ist es günstig, bei alten Bäumen immer die **Stabilität der Krone** und des gesamten Baumes im Blick zu behalten. Sehr ausladende Kronen sind durch Windbruch gefährdet und müssen rechtzeitig zurückgeschnitten werden, um die Bruchgefahr zu minimieren. Dies lässt sich gut mit dem Auslichtungsschnitt verbinden.

Der sehr alte, vergreiste Baum

Bäume, die kaum noch Zuwachs haben und schon viel trockenes Holz aufweisen, bezeichnet man als vergreist. Hier gilt es, den Baum dennoch zur Bildung neuer Triebe anzuregen. Das sonst nur beim Pflanzschnitt empfohlene Zurückschneiden aller Äste tritt beim **Verjüngungsschnitt** wieder in den Vordergrund. Da ein starker Schnitt immer auch eine ausgeprägte Reaktion des Baumes hervorruft, muss man bei vergreisten Bäumen versuchen, mit dieser Maßnahme zum Erfolg zu kommen. Manchmal kann die gewünschte Reaktion des Baumes zwei Jahre auf sich warten lassen. Garantien können leider nicht gegeben werden, aber der Versuch des Erhalts lohnt sich auf jeden Fall.

Große Schnittwunden überwallen bei sehr alten Bäumen oft schlecht, weshalb jeder Schnitt in diesem Zusammenhang wohl überlegt sein sollte.

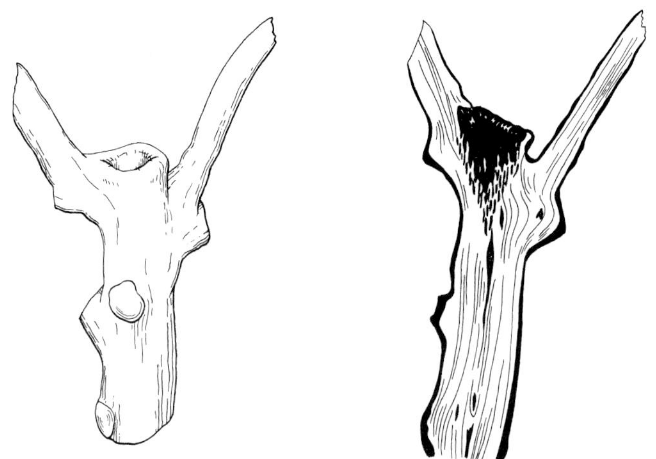

Nicht überwallte Schnittwunden können zu Faulstellen im Holz führen.

Der „verschnittene" Baum (siehe auch Probleme S. 43)

Zu stark oder zu ungleichmäßig geschnittene Obstbäume benötigen in erster Linie eine **Wiederherstellung des Gleichgewichts**. Dies nimmt oft mehrere Jahre in Anspruch und bedarf neben guter Fachkenntnis auch einiger Geduld. Exemplarisch für einen solchen Verschnitt sind Bäume, die jedes Jahr stark geschnitten worden sind und deshalb zu viele, zu starke einjährige Triebe ausbilden. Einen solchen Baum zu „beruhigen", erfordert ein vorsichtiges **Auslichten über mehrere Jahre hinweg**. Die verbleibenden Triebe dürfen auf keinen Fall eingekürzt werden, da sonst eine erneute Anregung zum verstärkten Austrieb gegeben ist.

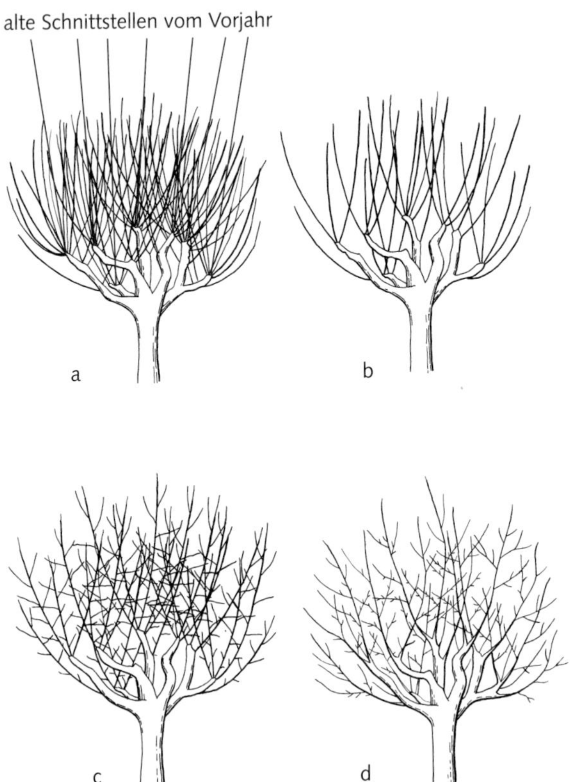

Korrektur nach zu starkem Rückschnitt

a) Extrem starker Neuaustrieb nach dem Absägen der gesamten Krone

b) Entfernen von mindestens 2/3 (Anzahl) der Triebe

c) Entwicklung der verbliebenen Triebe - Hier muss erneut 2/3 (Anzahl) der Triebe ganz herausgeschnitten werden.

d) Ergebnis nach erneutem Entfernen 2/3 (Anzahl) der Triebe

Detail zur Korrektur

Entfernen vieler senkrechter Triebe nach starkem Rückschnitt

Allgemeiner Pflanzenschutz

Pilze und tierische Schaderreger in den Obstbäumen sind immer wieder eine Herausforderung für den Baumbesitzer, der gesunde, langlebige Bäume haben möchte, von denen er gutes, lagerfähiges Obst ernten kann. Es geht also darum, gute Lebensbedingungen für den Baum zu schaffen und für Artenvielfalt und ein Gleichgewicht der Nützlinge und Schädlinge in seiner Umgebung zu sorgen. Dabei kann es aufschlussreich sein, eine Bodenuntersuchung mit Nährstoffanalyse durchzuführen.

Gegen schädliche **Pilze** hilft neben einem für die jeweilige Art geeigneten Standort und einer nicht zu starken Düngung ein regelmäßiger, gezielter Schnitt der Bäume, um eine optimale Belichtung und Belüftung zu erreichen. Blätter, die schnell abtrocknen, sind gegenüber Pilzsporen wesentlich weniger empfindlich. Sollten die Blätter bereits von Pilzen befallen sein, ist es wichtig, das Falllaub in gewissen Abständen zu verbrennen und nicht auf den Kompost zu geben. Im biologischen Pflanzenanbau haben sich außerdem vorbeugende Spritzungen mit **Schachtelhalmtee** bewährt.

Tierische Schädlinge gibt es viele. Allerdings richten sie wenig Schaden an, wenn genug natürliche „Gegenspieler" vor Ort sind. Viele **Vogelarten** z.B. tragen im Garten zur Dezimierung unerwünschter Insekten bei. Die Förderung von **Blattlausjägern wie Marienkäfern, Ohrwürmern, Florfliegen, Schlupfwespen** und **Schwebfliegen** gelingt am Besten durch geeignete Vermehrungsplätze. Beispielsweise fressen nur **Schwebfliegenlarven** Blattläuse. Erwachsene Schwebfliegen benötigen hingegen Doldenblütler (z.B. Giersch, Wiesenkerbel) zur optimalen Entwicklung. Die sonst nützlichen **Ameisen** begünstigen die Entwicklung von Blattläusen und sollten deshalb durch feuchte, humose Baumscheiben und Fanggürtel vom Stamm der Bäume ferngehalten werden.

Auf einige häufige artenspezifische Schädlinge und Pflanzenkrankheiten wird im Folgenden noch in den Kapiteln zu den unterschiedlichen Arten eingegangen.

1.2 Kernobst

Eine artenreiche Umgebung und vorbeugende Pflegemaßnahmen sind die besten Voraussetzungen für gesunde Obstbäume.

Unter Kernobst versteht man alle Früchte, die mehrere Samen (Kerne) in einem von Fruchtfleisch umgebenen Kerngehäuse tragen. Dazu gehören Äpfel, Birnen und Quitten.

Fruchtholz

Einjährige Triebe bilden beim Kernobst in der Regel nur Blattknospen aus. Die Blütenknospen entwickeln sich erst im zweiten Jahr. Das heißt, dass ein Apfel-, Birnen- oder Quittenbaum an zwei- und mehrjährigem Holz blühen und Früchte tragen kann. Die einjährigen Triebe sind wichtig für die Versorgung der darunter liegenden Früchte und dürfen auf keinen Fall abgeschnitten werden. Außerdem braucht man die einjährigen Triebe zur Entwicklung jungen, vitalen Fruchtholzes für die nächsten Jahre. Zu altes Fruchtholz lässt in seiner Leistungsfähigkeit nach und bildet oft nur noch kleine Früchte aus. Es muss daher passend zum Alter und zur Sorte des Baumes immer wieder reduziert werden.

Alle Kernobstarten tragen am zwei- und mehrjährigen Holz.

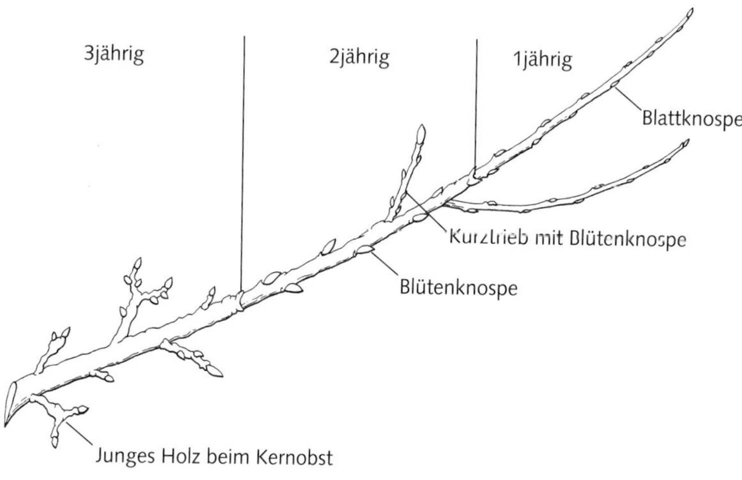

Junges Holz beim Kernobst

1.2.1 Äpfel

Äpfel sind mit ihrer Vielfalt sicher das wichtigste Obst, das in unseren Breiten gut gedeiht. Einige der vielen hundert Sorten, die theoretisch für den Anbau zur Verfügung stehen, lassen sich auch mit herkömmlichen Lagermethoden nahezu bis zur Ernte der ersten Frühäpfel aufbewahren. Egal ob bewährte alte Sorten, regionaltypische Lokalsorten oder krankheitsresistente Neuzüchtungen, die Auswahl ist sehr groß. Unterschiedliche Reifezeitpunkte, Standortansprüche, Wuchsstärken und vor allem der Geschmack erschweren dabei die Entscheidung. Die aus dem Supermarkt bekannten Sorten sind im Anbau meistens besonders anspruchsvoll und nur für die Bedingungen in einer Plantage geeignet. Im Privatgarten ist es besser, auf robustere Sorten zurückzugreifen. Das gesamte Sortenspektrum vorzustellen würde den Rahmen dieses Buches sprengen. Die Auswahl ist deshalb repräsentativ für Wuchsform und Schnittmaßnahmen.

Äpfel bevorzugen schwerere, nährstoffreiche Lehmböden. Die Standortansprüche der einzelnen Apfelsorten reichen von robust und unempfindlich (z. B. „Boskoop") bis zu extrem anspruchsvoll (z. B. „Cox Orange"). Für alle Sorten gilt, dass sie keine Staunässe im Wurzelbereich vertragen und darauf mit Anfälligkeiten für Krankheiten (z. B. Obstbaumkrebs) reagieren.

Apfelbäume sind Flachwurzler. Das heißt, es befinden sich mindestens im Bereich der Krone, aber auch darüber hinaus besonders viele Wurzeln unmittelbar unter der Bodenoberfläche. Ständiges Hacken und Graben, das die Wurzeln verletzt, sowie eine nährstoffzehrende Unterbepflanzung sind insbesondere für den anspruchsvollen Baum auf schwach wachsender Unterlage ungünstig. Regelmäßige Kompostgaben und Gründüngung auf der Baumscheibe und im Traufbereich unterstützen dagegen die Gesundheit und den Ertrag des Baumes. Gesunde und ausreichend (aber nicht übermäßig!) mit Nährstoffen versorgte Bäume sind wesentlich weniger anfällig für Schädlingsbefall. Bei Äpfeln auf schwach wachsenden Unterlagen ist die Zugabe von Nährstoffen und auch das Wässern in Trockenzeiten eine wichtige Voraussetzung für eine gute Ernte. Sie sind mit ihrem ebenfalls schwach ausgebildeten Wurzelwerk nicht in der Lage, genug Wasser und Nährstoffe heran zu transportieren.

Für die Äpfel gelten die im Kapitel „Allgemeines" erläuterten Regeln des Obstbaumschnittes. Dort sind auch verschiedene Veredlungsunterlagen beschrieben.

Unterschiedliche Beispiele für Wuchsformen bei Apfelsorten
Einige Apfelsorten haben typische Wuchsformen, die unterschiedliche Schwerpunkte beim Schnitt erfordern. Exemplarisch für viele andere Sorten werden hier vier Formen erläutert.

„Boskoop"
Die Sorte „Schöner von Boskoop" ist ein sehr bekannter und weit verbreiteter Winterapfel mit besonders starkem Wuchs

„Boskoop" mit grobem Astaufbau

und einem sehr groben Astaufbau. Besonders bei jungen Bäumen ist es daher günstig, lange Äste durch Einkürzen zur Bildung von Verzweigungen anzuregen. Dadurch wird jedoch der ohnehin erst nach mehreren Jahren einsetzende Fruchtertrag erneut verschoben. Der natürliche Aufbau der Krone macht nur **wenig Auslichtungsarbeit** erforderlich. Bei alten, lange nicht geschnittenen Bäumen sollte man unbedingt von oben Licht in das Innere des Baumes bringen, um die Vitalität möglichst lange zu erhalten.

„Goldparmäne"

Die gute Bestäubersorte „Goldparmäne" hat von ihrem natürlichen Wuchs her eine extrem schmale Krone mit starken senkrechten Zweigen, die viele Korrekturen erforderlich machen. Ähnlich wie bei den schmalen Kronen von vielen Birnen und einigen Zwetschen gilt es, vor allem die Leitäste immer wieder bis auf die nach außen stehenden Seitenzweige zurückzuschneiden. Diese Seitenzweige müssen zur Stabilisierung eingekürzt werden, da sie andernfalls schnell zu stark nach unten hängen. „Goldparmänen" können auch am senkrechten Holz Blütenknospen ausbilden und fruchten. Dennoch ist es erforderlich, die meisten senkrechten Äste zu entfernen, um eine ausreichende Belichtung der Krone zu gewährleisten.

Der Ertrag ist oft alternierend (Früchte nur alle zwei Jahre). Dem kann nur dadurch entgegen gewirkt werden, dass man in Jahren mit gutem Fruchtansatz bereits im Juni bis zu zwei Drittel der jungen Früchte abpflückt. Die verbleibenden Äpfel entwickeln sich daraufhin besser und der Baum kann Blütenknospen für das nächste Jahr anlegen (s. Probleme S. 43). Ihr typisches nussartiges Aroma erreicht die „Goldparmäne" nur bei ausreichender Sonneneinstrahlung.

Hunderte von Apfelsorten bieten viele Möglichkeiten für fast jeden Standort.

„Holsteiner Cox"

Der „Holsteiner Cox" ist eine sehr stark wüchsige Sorte, die auf Schnitt oft extrem reagiert. Der breite, überhängende Wuchs und die Neigung zu **Überlagerungen** erfordern einen regelmäßigen Schnitt, der aufgrund des starken Neuaustriebes jedoch

„Goldparmäne" mit sehr steilen Trieben

„Holsteiner Cox" mit überhängendem Wuchs

mit viel Fingerspitzengefühl ausgeführt werden muss. Will man eine stabile Rundkrone aufbauen, ist es hier besonders wichtig, die Leitäste über viele Jahre konsequent zu fördern, da sie sonst in der Waagerechten bleiben oder herunterhängen. Vor allem nach einem umfangreicheren Rückschnitt im Winter ist der wachstumshemmende **Sommerschnitt** beim „Holsteiner Cox" unerlässlich. Dieser sehr aromatische Herbst- und Winterapfel wird bevorzugt in den kühleren Regionen Norddeutschlands angebaut.

„Ontario"

Die Sorte „Ontario" ist im Vergleich eher schwachwüchsig. Die kleinen Bäume bilden sehr viel Fruchtholz aus, das bei einigen Bäumen nur alle zwei Jahre trägt (s. oben unter „Goldparmäne"). Grundsätzlich blühen und fruchten Äpfel an zwei- und mehrjährigem Holz. Sehr altes Fruchtholz lässt in seinem Ertrag nach. Um die Bildung neuer, junger Triebe zu fördern, die sich im zweiten Jahr zu kräftigem Fruchtholz entwickeln, muss beim „Ontario" immer wieder ein erheblicher Anteil des alten Fruchtholzes entfernt werden. Diese Sorte ist extrem **druckempfindlich** und muss bei der Ernte außerordentlich vorsichtig behandelt werden, um bis Mai lagerfähig zu bleiben. Sein Aroma entwickelt der „Ontario" erst im Lager ab Januar/Februar.

„Ontario" mit viel Fruchtholz

Befruchtung

Für die Befruchtung sind Äpfel auf eine **Fremdbestäubung** anderer Sorten angewiesen. Pollen werden durch Insekten, hauptsächlich Bienen und Hummeln, übertragen. Unter den vielen Sorten gibt es unterschiedlich gute Pollenspender, die in der Tabelle (s. u.) gekennzeichnet sind. Eine passende Bestäubersorte muss nicht im eigenen Garten stehen, sie ist auch in der Nachbarschaft in einer Entfernung von einigen hundert Metern noch hilfreich. Auch Zieräpfel wie z. B. die *Malus-floribunda*-Sorten sind sehr gute Bestäuber für die Obstbäume. Außerdem gibt es die Möglichkeit, eine zur Bestäubung des eigenen Baumes geeignete Sorte mit auf den vorhandenen Baum zu veredeln. Im Notfall hilft zur Blütezeit zunächst ein blühender Zweig einer anderen Sorte in einem Eimer Wasser unter dem Baum.

Für gutes Wetter während der Blütezeit – ohne Spätfrost und zuviel Regen und Kälte – hilft dagegen nur „Daumen drücken".

Empfehlenswerte Sorten	Pflückreife	Genussreife	Befruchtersorten
1 Alkmene	September	September–November	2, 4, 9, 14
2 Berlepsch	Oktober	November–April	1, 4, 14
3 Boskoop*	Oktober	Oktober–April	1, 2, 4, 9, 14
4 Cox Orange	September	Oktober–März	1, 2, 6, 9, 14
5 Delbarestivale		August–Oktober	1, 8, 14
6 Elstar	September	Oktober–März	4, 8, 14, 16
7 Finkenwerder Herbstprinz	Oktober	Oktober–März	4, 6, 9, 14
8 Gala	September	September–Januar	4, 5, 9

9 Goldparmäne	September	September–Januar	1, 2, 4
10 Gravensteiner	August	August–September	2, 4, 9, 14
11 Holsteiner Cox*	Oktober	Oktober–März	1, 12, 14
12 Ingrid Marie	September	Oktober–März	4, 9, 14
13 Jacob Fischer	September	September–November	1, 2, 9, 14
14 James Grieve	August	August–September	1, 2, 4, 9
15 Jonagold	Oktober	November–Mai	1, 4, 5, 6, 8, 14
16 Mantet	August	August	4, 6, 14
17 Ontario	Oktober	Januar–Mai	4, 14, 19
18 Piros	August	August–September	1, 9, 14
19 Sternrenette, Rote	Oktober	November–Februar	4
20 Topaz	Oktober	Oktober–März	1, 4, 9, 14
21 Winterglockenapfel	Oktober	Januar–Mai	4, 9, 14
22 Zuccalmaglios Renette	Oktober	November–März	4, 14

Die mit * gekennzeichneten Sorten sind triploid und damit für die Bestäubung anderer Sorten ausgeschlossen.

Die Zeit der **Pflückreife** ist sehr stark von der Lage und dem Wetter abhängig. Die Äpfel müssen sich mit einer leichten Dreh- oder Kippbewegung gut lösen lassen.

Auch die **Genussreife** hängt von vielen Faktoren wie z. B. Erntezeit und Lagerung ab. Alle angegebenen Zeiten bieten nur Anhaltspunkte.

Pflanzenschutz

So robust Apfelbäume auch sein können, so sind sie doch vielen Anfeindungen durch Pilze und tierische Schädlinge ausgesetzt (s. Allgemeines S. 27). Die Empfindlichkeiten sind allerdings von Sorte zu Sorte sehr verschieden.

Auch ungünstige, das heißt z. B. zu nasse Standorte erhöhen die Anfälligkeit für Krankheiten. Eine Auswahl der am häufigsten auftretenden Schädlinge ist im Folgenden beschrieben. Die Pilzkrankheiten **Schorf, Mehltau und Obstbaumkrebs** sind weit verbreitet. Eine mäßige Nährstoffversorgung, gute Belichtung und Belüftung im Baum und die Vernichtung befallener Pflanzenteile machen einen wesentlichen Teil der Vorbeugung aus.

Braune Flecken auf Blättern und Früchten kennzeichnen eine **Schorfinfektion**, die vor allem vorbeugend begrenzt werden sollte. In der Apfelsortenzüchtung versucht man schon lange, schorfresistente Sorten ausfindig zu machen. Neben einigen anderen wurde mit der Sorte „Topaz" ein wohlschmeckender und gegenüber Schorf extrem unempfindlicher Apfel gezüchtet.

Ein optimaler Standort und gezielte Pflege fördern die Gesundheit von Apfelbäumen und vermindern die Anfälligkeit für Krankheiten.

Mehltau tritt vorwiegend in sehr trockenen Perioden auf. Insbesondere bei Bäumen auf schwach wachsenden Unterlagen hilft eine regelmäßige Wässerung über diese Trockenzeiten hinweg. Da der Mehltaubefall an den Triebspitzen beginnt, hat man die Möglichkeit, diese zu entfernen und damit die Vermehrung einzudämmen.

Die Entwicklung von **Obstbaumkrebs** ist sehr sortenabhängig. Trockene, eingesunkene Stellen an Zweigen, Ästen und am Stamm zeigen den Befall an und müssen entfernt werden. Am Stamm muss der erkrankte Bereich soweit herausgeschnitten werden, dass im Holz keine dunklen Stellen mehr sichtbar sind. Ein Verstreichen mit Wundverschlussmittel kann eine Neuinfektion verhindern. Bei alten Bäumen mit vielen Krebsstellen sind diese zu ignorieren. Es können nicht alle herausgeschnitten werden und der Baum wird auch so noch viele Jahre Früchte tragen.

Verschiedene tierische Einwirkungen verhindern einen optimalen Ertrag auf unterschiedliche Art und Weise.

Wühlmäuse fressen an den Wurzeln und können Bäume bis zum Absterben schädigen. Vor allem auf Obstwiesen helfen Drahtkörbe im Wurzelbereich (s. Pflanzung S. 9) und die Förderung von Greifvögeln zur Dezimierung der Nager. Viele andere tierische „Konkurrenten" im Obstanbau wie z. B. **Ap-**

felsägewespe, Apfelwickler, Grüne Apfelblattlaus und andere lassen sich im privaten Bereich am sinnvollsten durch eine artenreiche Umgebung und das Vernichten befallener Früchte im Zaum halten. Gegen den **Frostspanner** helfen im Herbst angebrachte Leimgürtel, die Ende Januar entfernt und verbrannt werden müssen.

Eine auf das Nährstoffangebot zurückgehende Krankheit ist die **Stippe**, die sich durch braune Flecken im Fruchtfleisch zeigt. Auch sie ist sehr sortenabhängig. Hier hilft eine ausreichende Kalziumversorgung, die mit zusätzlichen Kalkgaben im Frühjahr ausgeglichen werden kann.

Erziehungsschnitt bei der Birne

1.2.2 Birnen

Birnen sind wärmeliebende Obstgehölze, die einen guten und vor allem wasserdurchlässigen Gartenboden bevorzugen. Schwere, nasse und kalte Böden lassen sie verkümmern. Sind die Bodenverhältnisse optimal, reicht eine Düngung mit Kompost aus, um sie gesund und ertragreich zu halten.

In kälteren Regionen haben frühe Birnensorten die beste Chance, reif zu werden.

Schnitt

Die Birne wächst im Gegensatz zum Apfel meistens sehr schmal und hoch. Das Ziel ist es, die Entwicklung einer breiten, nicht zu hohen Krone zu erreichen. Dafür müssen vor allem Konkurrenztriebe und viele senkrechte Triebe aus der Krone entfernt werden. Senkrecht nach unten hängende, fruchttragende Zweige müssen dagegen regelmäßig durch Einkürzen stabilisiert werden.

Lange Mitteltriebe (**Stammverlängerung**) können stark eingekürzt werden. Der zu erwartende Neuaustrieb muss im Sommer durch Entfernen der nicht brauchbaren Triebe zurückgeschnitten werden. Ein senkrechter, mittelstarker Trieb sollte die neue Spitze bilden.

Junge, nicht geschnittene Birnen oder Bäume auf einem ungünstigen, zu kalten und zu nassen Standort tendieren zu

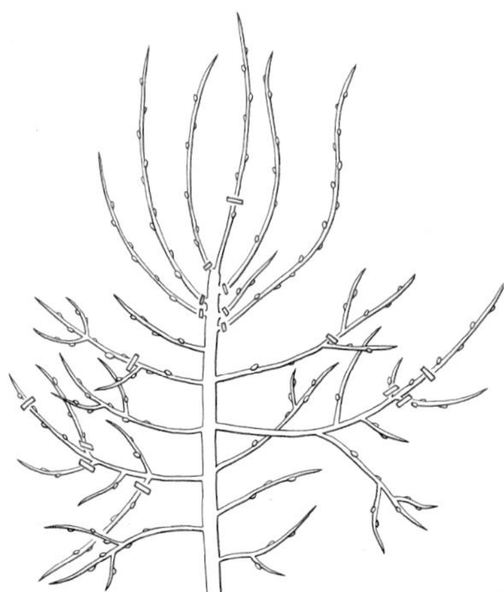

Starke einjährige Triebe in der Baumspitze einer Birne

einer vorzeitigen **Vergreisung** (s. S. 44). Auch bei mehrjährigen Kronen geht es weiterhin darum, die Leitäste zu fördern und eine gute Belichtung in einer breiten Krone zu gewährleisten. Die Spitze muss stets etwas (aber nicht zuviel) über den Enden der Leitäste stehen, die sich in Saftwaage befinden sollten. Alte Birnen neigen dazu, sehr viel Fruchtholz und kaum Neuaustrieb auszubilden. Um den Baum vital zu halten, ist es wichtig, ein Gleichgewicht zwischen Zuwachs und Fruchtbildung herzustellen. Dies erreicht man durch eine regelmäßige Reduzierung des alten Fruchtholzes.

Birnenunterlagen

Ähnlich wie bei den Äpfeln unterscheidet man stark wachsende Sämlingsunterlagen und durch Abrisse vermehrte Typenunterlagen, die hier von der artfremden Quitte stammen.

Sämling (z.B. „Kirchensaller Mostbirne"): Starkwüchsig, standfest, robust

Vegetativ vermehrte Typenunterlage:

Quitte A (Quitte von Angers): Schwach wachsend, nicht standfest, größere Früchte, anspruchsvoller

Befruchtung

Alle Birnen sind Fremdbefruchter und benötigen Pollen anderer Sorten zur Bestäubung (s. unten). Da sie ca. 10 Tage vor den Äpfeln blühen, sind die Blüten anfälliger für Spätfrost und entsprechend dankbar für geschützte Standorte.

Empfehlenswerte Sorten	Reifezeit	Befruchtersorten
1 Alexander Lucas	November–Januar	2, 3, 7, 12
2 Clapps Liebling	August–September	5, 7, 8, 12
3 Conference	Oktober–November	7, 8, 12
4 Gellerts Butterbirne	September–Oktober	2, 7, 8, 9, 11, 12
5 Gräfin aus Paris	Dezember–Januar	2, 4, 8, 9, 12
6 Gute Graue	September	2, 4, 5, 7, 9
7 Gute Luise	September–Oktober	2, 3, 8, 11
8 Köstliche aus Charneu	Oktober–November	4, 5, 7, 12
9 Madame Verte	Oktober–Dezember	4, 5, 8, 11, 12
10 Pastorenbirne	November–Januar	2, 4, 7, 8
11 Vereinsdechant	Oktober–November	2, 3, 4, 8, 12
12 Williams Christ	August–September	2, 4, 5, 8, 11

Pflanzenschutz

Die wichtigsten Krankheiten der Birne sind Pilzerkrankungen wie **Schorf und Birnengitterrost**. Der Birnengitterrost ist durch orange-braune Flecken auf den Blättern erkennbar und verbringt nur den Sommer auf der Birne, den Winter hingegen auf verschiedenen Wacholderarten (nicht auf dem Gemeinen Wacholder *Juniperus communis*). Die Verbreitung dieser Pilzkrankheit ist regional unterschiedlich. Allerdings existieren inzwischen auch Gegenden, wo sich der Pilz offenbar ohne Wacholder in unmittelbarer Nähe halten kann. Wie bei allen Pilzkrankheiten sind eine gute Belichtung und Belüftung im Baum sowie die Entsorgung des befallenen Laubes sehr hilfreich. Das Entfernen des Wacholders als Winterwirt ist ebenfalls anzuraten. Außerdem haben sich eine ausreichende Kalkversorgung und vorbeugende Schachtelhalmteespritzungen als vorteilhaft erwiesen.

Der Pilz Birnengitterrost entwickelt sich nur im Sommer auf der Birne; er überwintert auf verschiedenen Wacholdersorten.

1.2.3 Quitten

Quitten lieben Wärme und einen durchlässigen, nicht zu schweren, schwach sauren Boden. Regelmäßige Kompostgaben fördern die Gesundheit.

Schnitt

Quitten gehören ebenfalls zum Kernobst, haben durch ihren strauchartigen Aufbau allerdings einen anderen Wuchs. Daher muss der strenge Aufbau mit Mitteltrieb und Hauptseitenästen nicht eingehalten werden. Wichtig ist nur eine regelmäßige Auslichtung der Quitten, um Pilzkrankheiten vorzubeugen. Da sie auf Schnittmaßnahmen häufig mit sehr starkem Neuaustrieb reagieren, haben sich vor allem behutsame Eingriffe bewährt.

Quitten wachsen strauchartig und werden nur vorsichtig ausgelichtet.

Jeder Schnitt sollte in Astgabeln erfolgen. Die Anzahl der Schnitte ist dabei möglichst gering zu halten. Quitten neigen dazu, Überlagerungen und damit im oberen Kronenbereich stärkere Äste als im unteren auszubilden. Auch hier ist es stets günstiger, einen dicken Ast ganz heraus zu schneiden als viele kleine zu entfernen (s. Überlagerungen S. 19).

Unterlagen

Die Quitte wird vorzugsweise auf die Unterlage Quitte A veredelt. Alternativ besteht die Möglichkeit, auf Weißdorn zu veredeln.

Sämling: **Weißdorn** (*Crataegus monogyna*), mittelstark wachsend, standfest, frühe Erträge, robust

Vegetativ vermehrte Typenunterlage: **Quitte A**, siehe oben unter Birnenunterlagen

Befruchtung

Die meisten Quittensorten sind **selbstfruchtbar**. Ihre schönen großen Blüten werden erst im Mai – Juni ausgebildet und sind deshalb wenig frostgefährdet.

Empfehlenswerte Sorten	Reife	Bemerkungen
Bereczki, Birnenquitte	Okt.–Nov.	starkwüchsig, etwas bitter
Konstantinopler Apfelquitte	Okt.–Nov.	sehr frosthart
Portugiesische Birnenquitte	Okt.–Nov.	frostempfindlich, feines Aroma
Riesenquitte von Lescovac, Apfelquitte	Okt.–Dez.	frosthart, nicht selbstfruchtbar

Pflanzenschutz

Zeitweise werden Quitten von Pilzkrankheiten wie **Schorf** und **Monilia** befallen. Gegen den Schorf hilft vor allem das Entfernen und Vernichten des befallenen Laubes. Die Spitzendürre Monilia erfordert ein großzügiges Herausschneiden und Verbrennen der trockenen Äste.

1.3 Steinobst

Im Gegensatz zum Kernobst besitzt Steinobst als Samen nur einen so genannten Stein, der von Fruchtfleisch umgeben ist, wie es bei Kirschen, Pflaumen, Pfirsichen und Aprikosen der Fall ist.

Die Fruchtholzbildung ist beim Steinobst von Art zu Art unterschiedlich und wird in den entsprechenden Abschnitten erläutert.

Zur Veredelung von Steinobst stehen in ihrer Wuchsstärke verschiedene Unterlagen zur Verfügung. Man unterscheidet ebenfalls zwischen durch Saat, durch Abrisse oder durch Stecklinge vermehrte Unterlagen, die in den Abschnitten zu den einzelnen Arten beschrieben sind.

In Ergänzung zu den Erläuterungen im Kapitel „Allgemeines" gelten für den pflegenden Schnitt beim Steinobst die folgenden Regeln. Abweichungen sind unter den verschiedenen Baumarten beschrieben. Im Privatgarten wird meistens die Rundkrone als Erziehungsform gewählt. Die anderen Formen wie z. B. die Spindel und das Spalier werden vor allem bei Sauerkirschen, Pfirsichen und Aprikosen genutzt.

Steinobst wird insbesondere bei größeren Schnittwunden nicht sofort auf Astring geschnitten (s. S. 11), da sonst schnell Löcher im Holz des Astes mit der Schnittwunde entstehen. Günstiger ist es, einen Zapfen von wenigen Zentimetern stehen zu lassen und diesen nach ca. zwei Jahren und dessen Eintrocknung auf Astring nachzuschneiden, damit die Wunde überwallen kann.

Pflanzschnitt

Im Gegensatz zum Kernobst können beim Steinobst neben dem Mitteltrieb 4–5 starke Seitentriebe für den Kronenaufbau stehen gelassen werden.

Erziehungsschnitt

Hat man die Gelegenheit einen noch jungen Baum zu pflegen, ergeben sich gute Möglichkeiten, von Anfang an auf eine optimale Kronenentwicklung hinzuarbeiten. In den ersten Jahren nach der Pflanzung liegt der Schwerpunkt darauf, nach innen wachsende, zu dicht stehende Zweige sowie Konkurrenztriebe zu entfernen. Die Hauptseitenäste werden im Bereich der einjährigen Triebe eingekürzt, um Dickenwachstum zu provozieren und sie damit zu stärken. Die Obstarten, die am einjährigen Holz blühen und fruchten (Sauerkirsche, Pfirsich, Aprikose), sollen schon jetzt durch Einkürzen ständig zur Bildung kräftiger, einjähriger Triebe angeregt werden.

Auslichtung

Beim Steinobst gibt es häufig ältere Kronen, die keinen Mitteltrieb haben. Beim Auslichtungsschnitt geht es vor allem darum, Licht in die Bäume zu bringen und durch Verringerung des alten Fruchtholzes den Neuaustrieb anzuregen. Es ist nicht notwendig, die Wuchsform als Ganzes zu verändern.

Abbau von Überlagerungen

Obere Bereiche im Baum wachsen immer stärker als untere. Deshalb bilden lange nicht zurückgeschnittene Obstbäume oft Überlagerungen aus, die zu einer starken **Schattenbildung im unteren Bereich** der Bäume führen. Da im Schatten keine neuen Triebe gebildet werden, kommt es hier zu **Verkahlungen**, die sich langfristig ungünstig auf die Stabilität des Baumes auswirken. Darüber hinaus entwickeln sich viele Bäume ohne regelmäßige Pflege einseitig, was die gleichen negativen Folgen mit sich bringt.

Auch beim Steinobst ist bei allen Schnittarbeiten in jedem Alter des Baumes darauf zu achten, dass entstandene Überlagerungen entfernt oder zumindest reduziert werden, damit genug Licht in das Innere fallen kann und sich auch hier junges Holz bildet. Dieses braucht man später unbedingt, um sehr alte Bäume nachhaltig verjüngen zu können (s. Verjüngungsschnitt S. 19). Bei einseitigen Entwicklungen sollte immer wieder das Gleichgewicht des Baumes hergestellt werden. Dafür ist es sinnvoller, einen dickeren Ast ganz zu entfernen als viele dünne Zweige zu schneiden.

Hinsichtlich der Pflege und dem anzuwendenden Schnitt unterscheidet sich Steinobst in vielerlei Hinsicht vom Kernobst.

Verjüngung und Stabilisierung

Die Verjüngung und die Stabilisierung alter Gehölze sind beim Steinobst noch wichtiger als beim Kernobst, da besonders alte Pflaumen und Zwetschen leicht im Stamm brechen.

Älteres Steinobst ist bruchgefährdeter als Kernobst.

1.3.1 Pflaumen, Zwetschen, Mirabellen und Renekloden

Pflaumen und deren Verwandte bevorzugen wärmere Standorte mit humosen, nährstoffreichen Böden. Dank der großen

Sortenauswahl ist z.B. mit der „Hauszwetsche" auch ein erfolgreicher Anbau in kühleren Regionen möglich. Eine mäßige Düngung führt auch in Jahren mit ungünstigeren Witterungsverhältnissen zu einem ausreichenden Triebwachstum, um ständig genug junges, ertragreiches Fruchtholz zu haben. Regen kurz vor der Ernte kann bei vielen Sorten zum Platzen der Früchte führen.

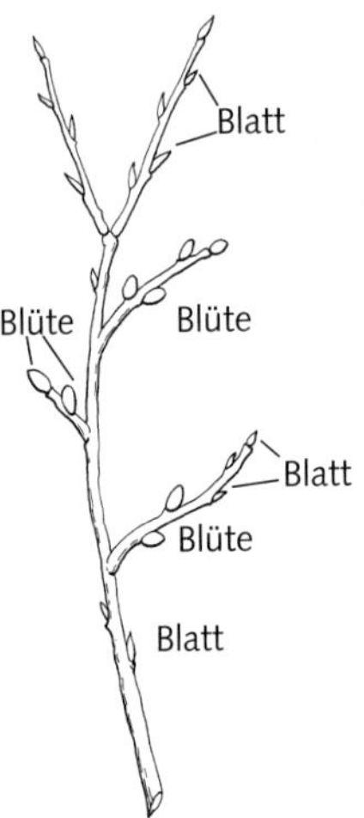

Zweijähriger Pflaumenzweig mit Blattknospen und Blütenknospen

Schnitt

Pflaumen und Zwetschen neigen als junge Bäume dazu, eine sehr schmale Krone zu entwickeln. Deshalb gilt die Aufmerksamkeit in den ersten Jahren dem **Ableiten der Leitäste nach außen**. Nur so bekommt man eine **breite, gut belichtete und belüftete Krone**, die langfristig stabil und nutzbar ist (s. Allgemeines S. 7, Birnen S. 32). Dafür werden die Leitäste bis auf einen starken, nach außen wachsenden Seitentrieb zurückgeschnitten. Dieser Seitentrieb wird bis auf eine nach außen stehende Knospe eingekürzt. Dadurch wird das Dickenwachstum angeregt und der Leitast stabiler.

Ältere Pflaumen und Verwandte dieser Art brauchen oft nur einen leichten Auslichtungsschnitt, damit stets ausreichend Licht ins Innere der Krone gelangt. **Dabei sollte auch auf eine regelmäßige Reduzierung des alten Fruchtholzes** geachtet werden, da diese Arten die besten Früchte an zwei- und dreijährigen Trieben ausbilden.

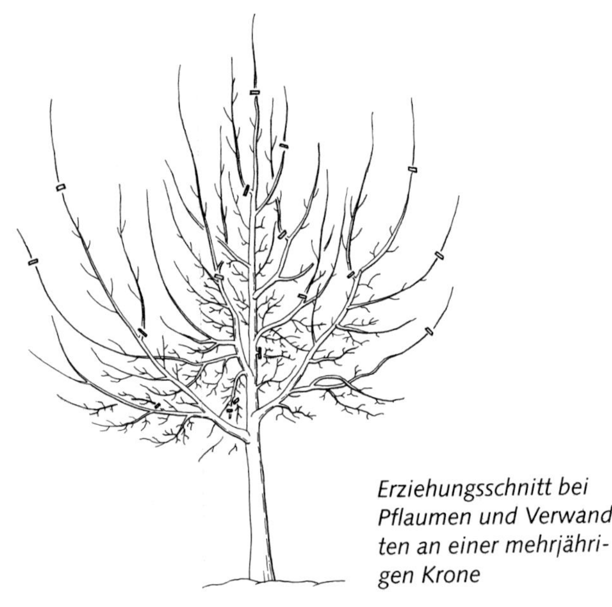

Erziehungsschnitt bei Pflaumen und Verwandten an einer mehrjährigen Krone

Unterlagen

Sämlinge:

Prunus myrobolana: Starkwüchsig, standfest, unempfindlich, spät einsetzender Fruchtertrag

Prunus St. Julien d'Orleans: Mittelstark wachsend, an-

spruchsvoller, früherer Ertragsbeginn, starke Ausläuferbildung
Vegetativ vermehrte Typenunterlage:

Prunus St. Julien A: Mittelstark wachsend, sehr früh einsetzender Ertrag, anspruchsvoller

Befruchtung

Obwohl es viele selbstfruchtbare Sorten gibt, erhöht die Kombination mehrerer Sorten die Ertragssicherheit erheblich.

Empfehlenswerte Sorten	Reifezeit	Befruchtersorten
1 Bühler Frühzwetsche	August	selbstfruchtbar
2 Große Grüne Reneklode	September	1, 3, 6
3 Hauszwetsche	Oktober	selbstfruchtbar
4 Italienische Zwetsche	September	2, 3, 12
5 Königin Victoria	August–September	selbstfruchtbar
6 Mirabelle von Nancy	August	selbstfruchtbar
7 Oullins Reneklode	August	selbstfruchtbar
8 President	Oktober	3
9 Schönberger Zwetsche	September	3,
10 The Czar	August	12
11 Wangenheimer Frühzwetsche	September	selbstfruchtbar
12 Zimmer's Frühzwetsche	August	3, 10

Pflanzenschutz

Die **Narrentaschenkrankheit** der Zwetsche tritt besonders bei kühlem, nassem Wetter und bei der sonst robusten „Hauszwetsche" auf. Sie zeigt sich durch gekrümmte Früchte mit hellem Belag. Um eine weitere Ausbreitung zu verhindern, müssen diese gepflückt und vernichtet werden. Wie bei allen Obstarten sind vorbeugende Maßnahmen gegen Pilzerkrankungen sinnvoll (s. Allgemeiner Pflanzenschutz S. 27).

Pflaumenwickler sind weit verbreitete Schädlinge, die man meistens erst bei der Ernte durch die Raupen in den Früchten bemerkt. Die Entwicklung dieser Falter kann durch Duftstofffallen überprüft werden. Bei zahlreichem Vorkommen können Erzwespen als Nützlinge erfolgreich eingesetzt werden.

1.3.2 Kirschen

1.3.2.1 Süßkirschen

Die Standortansprüche der Süßkirsche sind vergleichsweise gering. Lehmhaltige, aber durchlässige Böden ohne Staunässe bieten optimale Bedingungen. Niederschläge in der Erntezeit sind problematisch, da sie schnell zu geplatzten und faulen Früchten führen.

Schnitt

Süßkirschen sind hinsichtlich des Schnitts äußerst empfindlich. Auf einen zu starken Schnitt reagieren sie oft mit der Krankheit **„Gummifluss"**, die den Baum langfristig schwächt. Aus diesem Grund ist es besonders wichtig, diese Art im Sommer mit oder nach der Ernte zu schneiden. Einen Winterschnitt sollte man nur in Ausnahmesituationen, wie bei Sturmschäden oder Ähnlichem, vornehmen und auf die betroffenen Bereiche beschränken.

Süßkirschen reagieren auf einen zu starken Schnitt mit „Gummifluss".

Süßkirschen haben ein extrem grobes, sparriges Astgerüst mit nur wenigen kleineren Seitenzweigen. So ergeben sich oft Schwierigkeiten bei der Suche geeigneter Ansatzpunkte für den Rückschnitt. Gerade deswegen ist es wichtig, bereits bei jungen Bäumen die gewünschte Kronenentwicklung im Auge zu behalten. Dafür sollten nach innen wachsende Äste immer wieder entfernt und die Seitenverzweigung mit dem Einkürzen langer Triebe gefördert werden. Das beste Fruchtholz haben Süßkirschen in den so genannten **Bukettknospen** an zweijährigen Trieben.

Süßkirschen auf der schwach wachsenden Unterlage „Gisela" bieten die Möglichkeit, die Größe der Bäume dieser Art zu beschränken.

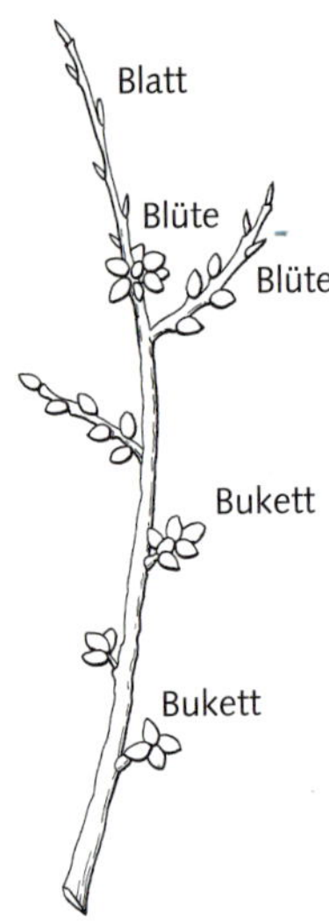

Zweijähriger Kirschzweig mit Blattknospen an der einjährigen Spitze und Blütenknospen sowie Bukettknospen am zweijährigen Teil

Bukettknospe

Unterlagen

Sämling:

Vogelkirsche (*Prunus avium*): Starkwüchsig, standfest, für Süß- und Sauerkirschen

Vegetativ vermehrte Typenunterlagen:

Prunus avium F 12/1: Starkwüchsig, standfest, weniger anfällig für die Krankheit Gummifluss, für Süß- und Sauerkirschen

„Gisela": Schwach wachsend, weniger standfest, anspruchsvoll, für Süßkirschen

Befruchtung

Neben wenigen selbstfruchtbaren Sorten brauchen die meisten Süßkirschen eine weitere Sorte zur Befruchtung. Absprachen in der Nachbarschaft können daher sehr hilfreich sein.

	Empfehlenswerte Sorten	Reifezeit	Befruchtersorten
1	Annabella	4. – 5. Kirschwoche	8
2	Büttner's Rote Knorpel	5.	4, 5, 7, 8
3	Große Prinzessinnenkirsche	4.	9
4	Große Schwarze Knorpel	5.	2, 5
5	Hedelfinger Riesen	4. – 5.	2, 3, 8
6	Lapins	6. – 7.	selbstfruchtbar
7	Regina	7. – 8.	8
8	Schneider's Späte	5.	3
9	Spansche Knorpel	4. – 5.	5, 8

Pflanzenschutz
Süßkirschen sind besonders in trockenen Jahren anfällig für die **Schwarze Kirschenblattlaus**.

Sie bevölkert die jungen Triebspitzen und führt zu eingerollten Blättern und Trieben. Neben der Förderung nützlicher Blattlausjäger (s. Allgemeines, Pflanzenschutz S. 27) hilft bei sehr starkem Befall auch ein Entfernen der besiedelten Triebspitzen.

1.3.2.2 Sauerkirschen

In Bezug auf den Standort sind Sauerkirschen noch anspruchsloser als Süßkirschen und können auch auf leichten, sandigen Böden gut gedeihen. Die Früchte sind im Vergleich wesentlich platzfester.

Schnitt
Sauerkirschen sind im Gegensatz zu den Süßkirschen wesentlich schnittverträglicher. Da sie am einjährigen Holz blühen und fruchten, ist es sehr wichtig, dass sie eine ausreichende Anzahl junger Triebe bilden. Mehrjährige Triebe bleiben oft in langen Teilen kahl und bilden nur am äußeren Ende Blätter und Blüten aus. Diese kahlen Zweige müssen bis zu einem einjährigen Seitentrieb zurückgeschnitten werden (s. Probleme S. 45). Dies kann auch zusammen mit der Ernte erfolgen. Auf jeden Fall ist ein Sommerschnitt günstig.

Unterlagen
Neben den unter Süßkirschen genannten Möglichkeiten lässt sich für Sauerkirschen auch die Steinweichsel (*Prunus mahaleb*) als geeignete Unterlage für nährstoffarme Standorte verwenden.

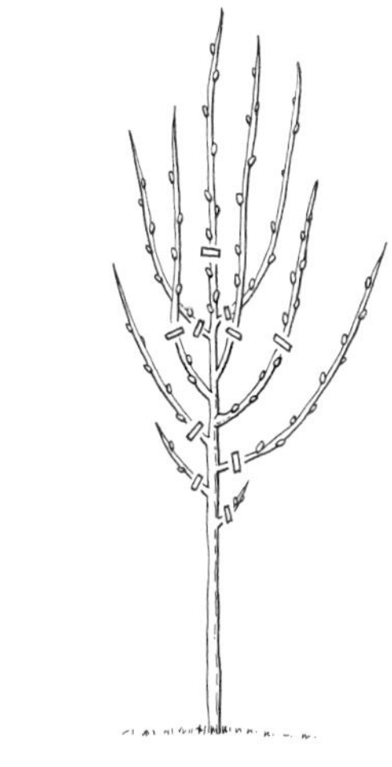

Pflanzschnitt Sauerkirsche: Der Mitteltrieb und ca. vier für den Kronenaufbau geeignete kräftige Seitentriebe werden sehr stark zurück geschnitten, alle übrigen ganz entfernt.

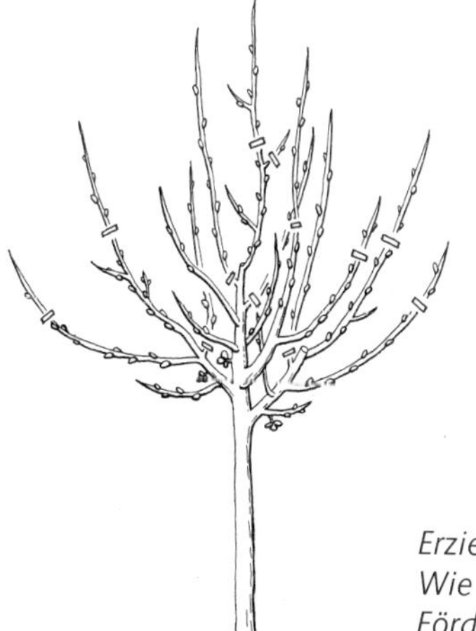

Erziehungsschnitt Sauerkirsche: Wie beim Kernobst steht die Förderung der Leitäste im Vordergrund.

Sauerkirsche: Zur Förderung der Bildung neuen Fruchtholzes werden hier im Gegensatz zum Kernobst mehrere einjährige Triebe eingekürzt.

Sauerkirschen, Pfirsiche und Aprikosen blühen und fruchten an einjährigen Trieben.

Befruchtung

Viele Sauerkirschen sind selbstfruchtbar. Für die meisten anderen ist die „Schattenmorelle" eine gute Befruchtersorte, sofern die Blütezeiten zusammen passen.

Empfehlenswerte Sorten	Reifezeit	Befruchtersorten
Karneol	5. – 6. Kirschwoche	selbstfruchtbar
Kobold	5. Kirschwoche	selbstfruchtbar
Koröser Weichsel	5. – 6. Kirschwoche	Schattenmorelle und andere
Morellenfeuer	5. – 6. Kirschwoche	selbstfruchtbar
Schattenmorelle	6. Kirschwoche	selbstfruchtbar

Pflanzenschutz

Sauerkirschen sind leider sehr anfällig für die **Pilzkrankheit Monilia**, die sich durch das Eintrocknen von Blättern und ganzen Triebspitzen zeigt. Wird ein Befall mit Monilia sichtbar, sollten die befallenen Zweige sofort weit bis ins gesunde Holz zurückgeschnitten und vernichtet werden. Auf dem Kompost sind diese befallenen Pflanzenteile nicht zu gebrauchen.

1.3.3 Pfirsiche

Pfirsiche sind wärmeliebende Gewächse, die dennoch auch in kühleren Regionen gedeihen und reife Früchte ausbilden können. Ein geschützter Standort auf humosem, nährstoffreichem und durchlässigem Boden ist in jedem Fall vorteilhaft. Längeren Trockenperioden, insbesondere unmittelbar vor der Erntezeit, sollte mit zusätzlichem Wässern entgegen gewirkt werden. Die Versorgung mit Nährstoffen darf im Vergleich zu anderen Obstarten einen höheren Stickstoffanteil aufweisen, um einen optimalen jährlichen Zuwachs zu gewährleisten.

Aufgrund der Frostempfindlichkeit junger Bäume empfiehlt sich beim Pfirsich eine Frühjahrspflanzung

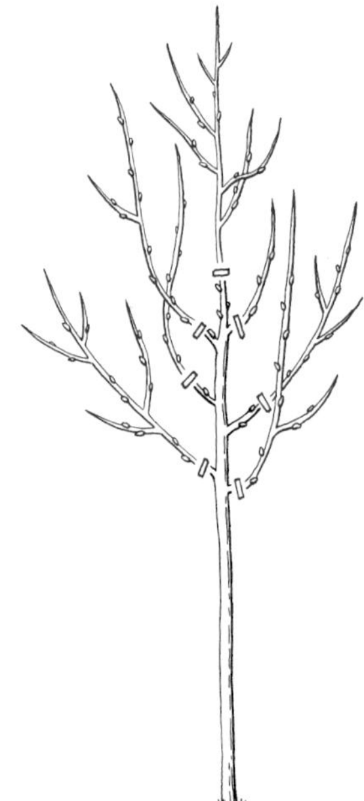

Pflanzschnitt Pfirsich: Die stärksten Seitenäste werden auf fünf bis sechs Augen zurückgeschnitten, der Mitteltrieb eine Scherenlänge darüber.

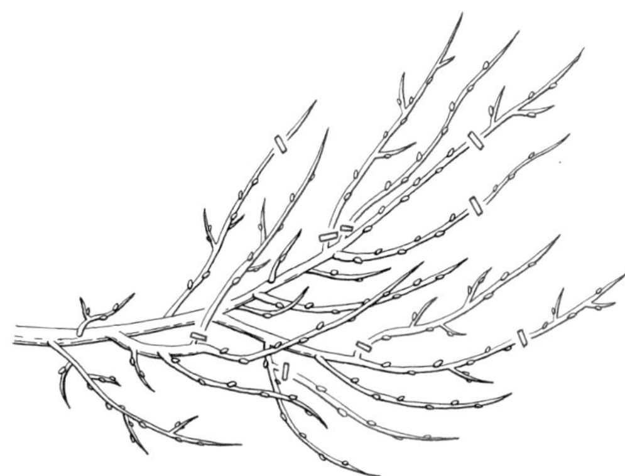

Erziehungsschnitt Pfirsich: „echte" Fruchttriebe werden wenig eingekürzt, „falsche" Fruchttriebe schneidet man auf Zapfen zurück.

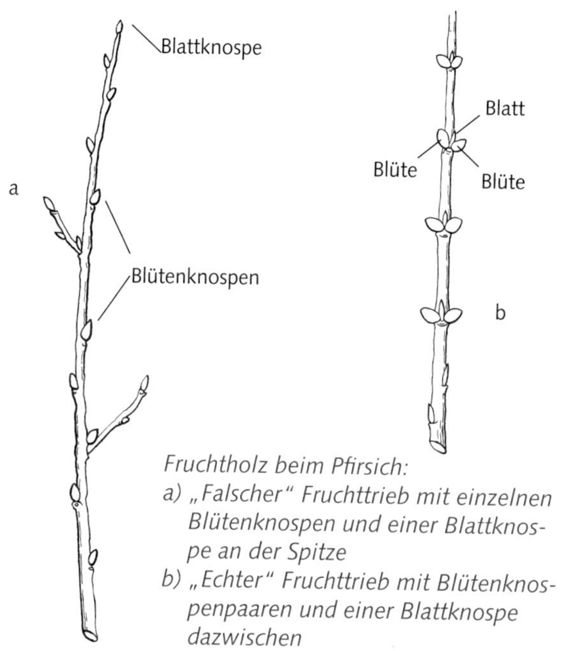

Fruchtholz beim Pfirsich:
a) „Falscher" Fruchttrieb mit einzelnen Blütenknospen und einer Blattknospe an der Spitze
b) „Echter" Fruchttrieb mit Blütenknospenpaaren und einer Blattknospe dazwischen

Schnitt

Pfirsiche blühen am einjährigen Holz und müssen daher beim Schnitt mit den entsprechenden Schwerpunkten behandelt werden (s. o. unter Sauerkirsche). Eine weitere Besonderheit beim Pfirsich ist, dass nicht alle Blütenzweige fruchten. Man unterscheidet so genanntes „echtes" und „falsches" Fruchtholz.

„Echtes" Fruchtholz erkennt man an Blütenknospenpaaren, in deren Mitte eine Blattknospe ausgebildet wird. Nur diese Blüten können Früchte ansetzen. Als **„falsches" Fruchtholz** werden Zweige mit einzeln stehenden Blütenknospen und nur einer Blattknospe an der Spitze bezeichnet. Hier ist die Versorgung zur Bildung von Früchten nicht ausreichend. Sie sollten bis auf einen kleinen Zapfen zurückgeschnitten werden.

Unterlagen

Sämling:

Pfirsichsämling: Starkwüchsig, standfest, für warme, leichtere Böden, gute Fruchtqualität

Vegetativ vermehrte Typenunterlage:

Prunus St. Julien A: auf guten Böden (s. o.)

Befruchtung

Die meisten Pfirsichsorten sind **selbstfruchtbar**, können also mit eigenem Pollen erfolgreich bestäubt werden. Eine Bestäubung durch andere Sorten ist vor allem bei schlechtem Wetter zur Blütezeit vorteilhaft für die Ertragssicherheit.

Empfehlenswerte Sorten	Reifezeit
Amsden	Juli–August
Früher Roter Ingelheimer	Ende Juli–Anfang August
Kernechter vom Vorgebirge	Mitte–Ende September
Red Haven*	ab Mitte August
Revita*	Mitte–Ende August

Die mit * gekennzeichneten Sorten sind kaum anfällig für die Kräuselkrankheit.

Pflanzenschutz

Die **Kräuselkrankheit** ist das größte Problem bei Pfirsichen. Sie zeigt sich durch „eingekräuselte" rötliche Flecken auf den Blättern. Vorbeugend eignen sich alle gegen Pilzinfektionen wirksamen Maßnahmen (s. Allgemeiner Pflanzenschutz S. 27). Befallene Blätter, Früchte und eingetrocknete Triebspitzen sollten entfernt und vernichtet werden.

1.3.4 Aprikosen

Aprikosen sollten nur geringfügig im Sommer geschnitten werden.

Aprikosen sind sicherlich die Obstbäume, die am meisten Wärme zum Gedeihen benötigen. Liebhaber dieser Art sollten insbesondere in kälteren Regionen immer einen besonders geschützten Standort z. B. an einer wärmenden Mauer aussuchen. Vor allem die Gefahr von Spätfrost sollte möglichst ausgeschlossen werden. Die Boden- und Nährstoffansprüche entsprechen in etwa denen des Pfirsichs.

Schnitt

Nach dem gezielten Erziehungsschnitt für einen optimalen Kronenaufbau hat es sich bei Aprikosen bewährt, möglichst wenig zu schneiden. Die Schnittmaßnahmen sollten sich auf einen regelmäßigen Auslichtungsschnitt beschränken, um die Anzahl der Schnittwunden gering zu halten.

Aprikose: Förderung einjähriger Kurztriebe

Unterlagen

Sämling:

Aprikosensämling: Mittelstarkwüchsig, standfest, für warme Standorte

Vegetativ vermehrte Typenunterlage:

Hauszwetsche oder
Prunus St. Julien A: Auf guten Böden (siehe oben), kühlere Lagen

Eine Veredelungshöhe von 0,80 m schließt Frostschäden an den Stämmen überwiegend aus.

Befruchtung

Fast alle bekannten Aprikosensorten sind **selbstfruchtbar**. Das größere Problem für einen guten Fruchtansatz ist die frühe Blütezeit. Für warme Standorte wie etwa an Mauern empfiehlt es sich, die Bäume im Frühjahr vor der Sonne zu schützen, um eine frühzeitige Blüte zu verhindern.

Empfehlenswerte Sorten	Reifezeit
Kuresia	Ende Juli–Anfang August
Marena	Ende Juli–Mitte August
Nancyaprikose	Anfang August
Ungarische Beste	ab Anfang–Mitte August

Pflanzenschutz

Wie Pfirsiche sind auch Aprikosen besonders anfällig für die **Kräuselkrankheit** (s. S. 27). Darüber hinaus erkranken Aprikosen besonders leicht an dem **Scharkavirus**, gegen das bislang keine gezielte Bekämpfungsmethode existiert.

1.4. Probleme

Hilfe bei häufig auftretenden Problemen

Der Baum wächst trotz regelmäßigen Rückschnitts jedes Jahr sehr stark, trägt wenig und sieht aus wie ein Besen (s. Der „verschnittene" Baum S. 25)

Um einen Baum, der mit zu vielen neuen Trieben austreibt, wieder zu beruhigen, hat es sich bewährt, ca. 2/3 der neuen Triebe am Ansatz zu entfernen und die restlichen in voller Länge stehen zu lassen (Abb. S. 44 links). Am Erfolgreichsten lässt sich dieser Rückschnitt mit dem Sommerschnitt verbinden.

Ein zu stark wachsender Baum kann mit gezieltem Schnitt „beruhigt" werden. Das hat den großen Vorteil, dass der Baum nicht wieder genauso stark austreibt, da die Wuchskraft zunächst in die verbliebenen Triebe geht. Die stärksten und senkrechtesten Triebe sollten als erstes entfernt werden. Dünnere und schon etwas waagerecht stehende Triebe können zunächst erhalten bleiben.

In den folgenden Jahren sollte man das Entfernen von ca. 2/3 der zuvor ungekürzten Triebe sowie 2/3 der neuen Triebe jeweils in voller Länge weiterverfolgen, bis der Baum nur noch einen regulären Neuaustrieb ausbildet.

Die Früchte werden immer kleiner

Wenn auch bei großfruchtigen Sorten die Früchte mit den Jahren immer kleiner werden, spricht das für eine Überalterung des Baumes. Der Baum hat zu wenig junges Holz und trägt nur noch an altem Fruchtholz. In diesem Fall ist ein **Verjüngungsschnitt** (s. S. 19) notwendig, um den Baum zur Bildung jungen Holzes anzuregen. Bei sehr dicht gewachsenen Bäumen sollte man diesen Schnitt auf mehrere Jahre verteilen.

Der Verjüngungsschnitt regt zu neuem Wachstum an.

Der Baum trägt nur jedes zweite Jahr und hat dann viele kleine Früchte

Manche Sorten neigen unabhängig von Witterung und Befruchtung dazu, nur jedes zweite Jahr zu tragen. Diese Bäume unterliegen der so genannten **Alternanz**. Um dieser entgegen zu wirken, sollte in Jahren mit vielen Früchten die Anzahl der Früchte im Sommer (Juni) auf einen durchschnittlichen Fruchtbehang reduziert werden. Da der Baum die Blütenknospen für das nächste Jahr bereits im Sommer anlegt, erhöht dieser Eingriff die Chancen, dass dies noch in ausreichendem Maß erfolgen kann.

Alternanz ist typisch für einige Sorten wie z. B „Boskoop", „Ontario" und „Goldparmäne".

Links: junger Baum ohne altersgerechten Zuwachs mit vielen kl. Früchten (Vergreisung), ein nachträglicher Pflanzschnitt ist notwendig. Rechts: Korrekturen nach starkem Rückschnitt.

Bei jungen Bäumen hat das Wachstum Vorrang vor dem Fruchtertrag.

Der Baum ist jung und trägt viele Früchte, wächst aber nicht (oft bei Birnen)

Ein junger Baum muss zunächst wachsen, um einen stabilen Aufbau zu bekommen. Trägt er dagegen schon früh viele Früchte, kommt es zu einer vorzeitigen **Vergreisung**. Dies passiert häufig, wenn kein Pflanzschnitt vorgenommen wurde. Dagegen hilft nur ein starker Rückschnitt (s. Nachträglicher Pflanzschnitt S. 9), bei dem auch der größte Teil der Blütenknospen entfernt werden muss, um den Baum zum Wachstum anzuregen. Außerdem kann man das Wachstum und die optimale Entwicklung des Baumes unterstützen, wenn man im Frühjahr nahezu alle Früchte abpflückt.

Korrektur erforderlich: Zugewachsene Apfelkrone 2 Jahre nach starkem Rückschnitt

Das Wachstum des Obstbaumes ist vor allem von der Unterlage abhängig.

Die Bäume blühen aber fruchten nicht

In diesem Fall fehlt meistens ein geeigneter Befruchter, das heißt eine Sorte, die zur wechselseitigen Befruchtung dienen kann. Andere Gründe können ausbleibender Insektenflug aufgrund schlechten Wetters oder sogar Frost während der Blüte sein. Für eine bessere Bestäubung ist oft schon ein Ast (eines zur Bestäubung der eigenen Sorte geeigneten Baumes) ausreichend, der in einem Eimer Wasser unter den Baum gestellt wird (s. Sortentabellen).

Der Baum soll nicht größer werden

Mit dem Schnitt haben wir zwar Einfluss auf die Größe des Baumes, diese ist aber abhängig von verschiedenen Faktoren, die unseren Einfluss begrenzen. Wie bereits im Kapitel Allgemeines, Aufbau des Baumes (S. 7) angesprochen, ist die Wuchsstärke von der Art der Unterlage, der Sorte und auch dem Standort abhängig. Einen „Boskoop" (stark wachsende Sorte) auf stark wachsender Sämlingsunterlage klein zu halten, ist nicht möglich. Da die Bäume auf starken Rückschnitt mit starkem Wachstum reagieren, müssen an Standorten, an denen kein Platz für einen großen Baum ist, die Voraussetzungen durch schwach wachsende Unterlagen und Sorten erfüllt werden.

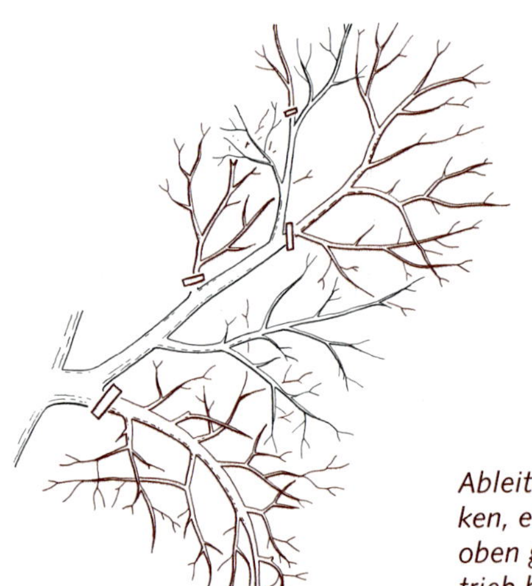

Ableiten auf einen starken, einjährigen, nach oben gerichteten Seitentrieb beim „Holsteiner Cox"

Die unteren Äste hängen zu weit runter

Im Winter kann man sich meistens nicht vorstellen wie tief die Äste im Sommer mit Blättern und Früchten daran herunterhängen. Bei einigen schwachwüchsigen Sorten und auch dem starkwüchsigen „Holsteiner Cox" sowie den meisten Birnen ist dies besonders stark ausgeprägt. Dagegen hilft ein wiederholtes Ableiten der unteren Äste auf einen starken, nach oben wachsenden Seitenzweig. Darüber hinaus muss dieser eingekürzt werden, um ihn durch stärkeres Dickenwachstum zu stabilisieren. Ungeschnittene Zweige biegen sich im folgenden Jahr meist von alleine nach unten.

Die Birne ist viel zu hoch geworden

Die meisten Birnen haben einen sehr schlanken, hohen Wuchs mit eher schwachen Seitenästen. Zu hoch gewachsene Birnenbäume können um mehrere Meter gekürzt werden. In den folgenden Jahren muss man den starken Neuaustrieb an der Schnittstelle lenken; das heißt dem Baum eine neue Spitze geben und die Konkurrenztriebe immer wieder entfernen (s. S. 32).

Die Süßkirsche ist viel zu groß geworden

Süßkirschen sind starkwüchsige Bäume. Erst seit wenigen Jahren gibt es gute schwach wachsende Unterlagen (*Gisela*), die auch kleinere Bäume ermöglichen. Eine alte, zu große Süßkirsche zu verkleinern, ist nicht einfach, da sie sehr empfindlich auf einen starken Rückschnitt reagiert. Als Reaktion ist mit der Krankheit **Gummifluss**, zu rechnen, die den Baum langfristig schädigt. Es empfiehlt sich daher, den Rückschnitt auf mehrere Jahre zu verteilen und gleich im Sommer nach der Ernte zu schneiden, da die Schnittwunden in der Wachstumszeit schneller überwallen.

Die Sauerkirsche hat immer trockene Zweige

Trockene Zweige oder Zweigspitzen in den Sauerkirschen deuten auf die Pilzkrankheit **Monilia**. Am besten schneidet man diese trockenen Zweige direkt den ganzen Sommer über bis ins gesunde Holz zurück und verbrennt das Schnittgut. Die Krankheit lässt sich dadurch eindämmen, aber nicht ausrotten, da der Pilz weit verbreitet ist.

Zu groß gewordenen Bäume sollten nur behutsam über mehrere Jahre verkleinert werden.

Die Sauerkirsche hat viele lange, kahle Zweige, die nur an den äußersten Spitzen Blätter und Blüten haben

Die langen, kahlen Zweige sind mehrjährige Triebe, die nur an den einjährigen Enden blühen und Früchte tragen. Die kahlen Bereiche bleiben kahl. Sauerkirschen brauchen einen regelmäßigen, relativ starken Rückschnitt, um immer genug einjähriges Blütenholz auszubilden. Dafür ist es notwendig, die kahlen Triebe bis auf einen einjährigen Trieb zurückzuschneiden.

Mehrjährige Zweige der Sauerkirschen bleiben oft kahl.

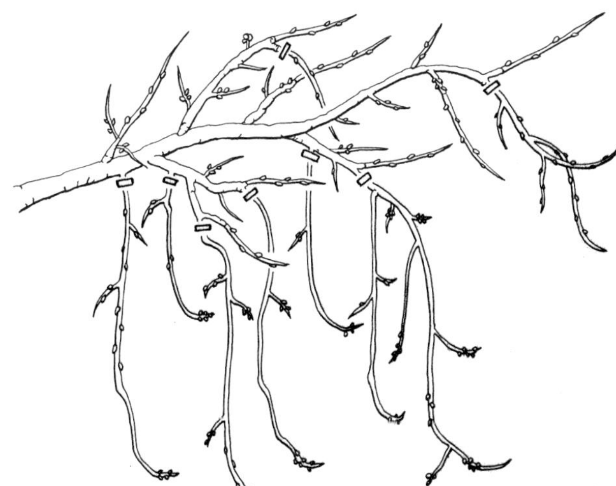

Sauerkirsche: Die langen kahlen Zweige werden bis auf einjährige Seitenzweige zurückgeschnitten.

Die Zwetsche hat viel trockenes Holz

Zwetschen und Pflaumen neigen dazu, in den feineren Zweigen trockenes Holz auszubilden. Bei dem oft dichten Wuchs liegt das an der Beschattung durch darüber liegende Äste und dem Alter der Zweige. Viele wirft der Baum von alleine ab. Durch konsequentes Auslichten lässt sich die Menge des trockenen Holzes gut reduzieren und die Bildung jungen Fruchtholzes fördern.

Unerklärliches

Immer wieder gibt es leider auch Beobachtungen an den Bäumen, die aus gärtnerischer Sicht nicht zu erklären sind. Das ist zwar äußerst unbefriedigend, lehrt uns aber, natürliche Vorgänge zu akzeptieren und nach neuen gärtnerischen Erkenntnissen zu suchen. Wachsen junge Bäume trotz guter Pflege aus unerklärlichen Gründen nicht, ist immer eine Umpflanzung zu empfehlen.

Das Wichtigste in Stichworten

- Baum beurteilen und Ziele festlegen
- Immer nur das in diesem Jahr Notwendigste schneiden , da man einen Baum nicht „fertig" schneiden kann
- Den Schnitt stets von oben beginnen, weil der Baum dort am stärksten wächst
- Überlagerungen entfernen (s. S. 19)
- Senkrechte Äste entfernen
- In Astgabeln schneiden
- Bei vielen Neuaustrieben einige lange Enden bis zum nächsten Jahr stehen lassen
- Nicht alle Spitzen einkürzen, da dies den Neuaustrieb über Gebühr fördert
- Nur das „Wichtigste" schneiden und z. B. kleine, dünne Äste stehen lassen

2. Weitere Früchte tragende Gehölze

Leider sind heutige Grundstücke oft nicht groß genug, um Kern- und Steinobst zu pflanzen. Dennoch existiert eine Vielzahl verschiedener Beerenobstgehölze, die auch mit wenig Platz auskommen. Johannisbeeren, Stachelbeeren, Jostabeeren und Himbeeren finden auch in kleinen Gärten ihren Platz.

Zur Berankung an Zäunen und Pergolen eignen sich verschiedene Brombeersorten. Weinreben und Kiwis brauchen wenig Platz an Hauswänden, benötigen allerdings einen sonnigen Standort.

Winterharte Feigen gibt es seit einigen Jahren auch für nördliche Regionen. Sie werden überwiegend in Kübeln kultiviert und benötigen einen ausreichenden Winterschutz.

Ein weiteres, auch natürlich vorkommendes Fruchtgehölz ist der Schwarze Holunder mit seinem hohen Vitamin C-Gehalt. Schalenobst wie Haselnüsse, Walnüsse und Mandeln runden das Angebot ab, wobei diese Arten wieder mehr Raum für ein optimales Wachstum beanspruchen.

Apfelbeeren, Kornelkirschen, Schlehen, Hagebutten und Mährische Eberesche kommen häufig in der Natur vor und werden oft in Wildhecken angepflanzt.

In jüngerer Zeit werden häufig überwiegend im Versandhandel Beeren tragende Fruchtgehölze angeboten, die längst nicht für alle Regionen in Deutschland geeignet sind. Ferner stehen der Platzbedarf, der beginnende Ertrag und die Frosthärte häufig nur in geringem Verhältnis zum Aufwand. Daher haben wir auf deren Beschreibung verzichtet. Allerdings sind einige Fruchtgehölze neu aufgenommen worden, die sich durch ausreichende Testung für den Hausgarten empfohlen haben.

Da die Reifezeiten je nach Region und Klima etwas voneinander abweichen können, sind in den Sortentabellen jeweils Mittelwerte aufgeführt.

2.1 Beerenobst

2.1.1. Johannisbeeren

Johannisbeeren in verschiedenen Fruchtfarben erfreuen sich im Haus- und Kleingarten großer Beliebtheit. Die Anpassungsfähigkeit an Boden und Klima ist relativ hoch. Der Fruchtertrag beginnt recht früh an jungen Pflanzen, oft schon im Pflanzjahr. Die Trauben finden vielseitig Verwendung. Da der Platzbedarf nicht so ausgeprägt ist, eignet sich diese Fruchtart auch für kleine Gärten. Johannisbeeren bevorzugen sonnige Lagen, dann setzt sowohl die Blüte als auch die Fruchtreife früher ein. Allerdings gedeihen sie auch in Nord- und Ostlagen, hier beginnen Blüte und Fruchtreife später. Zum Problem kann Spätfrost bei frühblühenden Sorten werden. Da viele Sorten nur bedingt selbstfruchtbar sind, ist es ratsam, immer verschiedene Sorten zu pflanzen. Bei nicht ausreichender Bestäubung durch Bienen oder sonstige Insekten und Frostschäden während der Blüte kann es zum "Rieseln" kommen, wobei junge Früchte kurz nach der Blüte abgeworfen werden. Weitere Ursachen können Trockenheit während der Blüte, mangelnde Ernährung oder auch der Einsatz von Unkrautmitteln sein.

In längeren Trockenperioden, besonders während Blüte und Fruchtansatz, muss der Wurzelbereich umfassend gewässert werden, da sonst die Fruchtqualität leidet. Dies gilt für alle Fruchtfarben. Der pH-Wert des Bodens sollte zwischen 5,5 und 6,5 liegen. Liegt er darunter, müssen dem Boden alle zwei bis drei Jahre 20 bis 30 g kohlensaurer Kalk pro Quadratmeter zugeführt werden.

Für eine ausreichende Nährstoffversorgung mit Volldüngern (Stickstoff, Phosphor, Kali und evtl. Spurenelemente) ist bei frostfreiem (offenem) Boden jährlich ab Anfang März zu sorgen. Die Aufwandmenge sollte bei 10 bis 12 g pro Quadratmeter liegen und der Dünger sollte flach eingearbeitet werden. Die Lebensdauer von Johannisbeersträuchern und Stämmen ist auf 10-15 Jahre begrenzt, daher muss bei nicht mehr vitalen Pflanzen rechtzeitig für Ersatz gesorgt werden. Da Johannisbeeren keine Probleme mit Bodenmüdigkeit haben, können sie stets auf die gleichen Flächen gepflanzt werden, wobei die Pflanzlöcher etwas variieren sollten.

Da Johannisbeeren Flachwurzler sind, darf eine Bodenbearbeitung nur im oberen Bereich erfolgen.

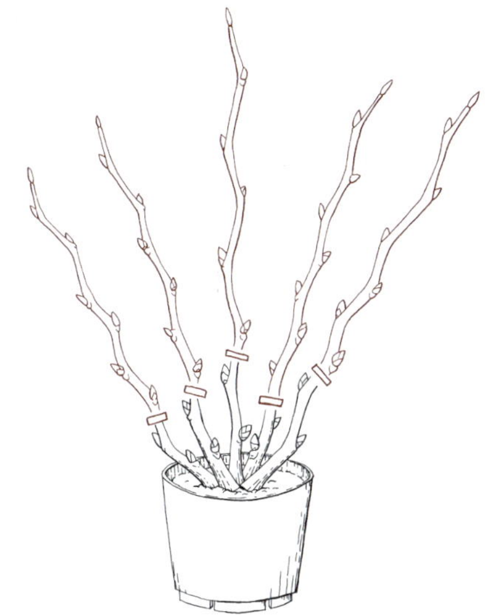

Ein konsequenter Rückschnitt bei der Pflanzung verbessert die spätere Pflanzenqualität.

Rote und Weiße Johannisbeeren

Rote und weiße Johannisbeeren sind ein ausgezeichneter Vitamin-C-Spender. Zudem sind wertvolle Bestandteile wie Fruchtsäuren, Mineralstoffe, Zucker, Farb- und Aromastoffe so wie Duftstoffe in den Früchten enthalten. Neben dem sofortigen Verzehr eignen sich die Früchte für Gelees, Konfitüre, Saft, Wein, Kuchenbeläge und zum Einfrieren.

Als Anbauformen sind Sträucher und Stämme üblich, einige Sorten können jedoch auch als Spaliere gezogen werden.

Die Sträucher sollten mindestens 5 Triebe haben, bei Stämmen sollten ebenfalls 5 Kronentriebe vorhanden sein. Ohne Erdballen können diese Pflanzen ab Ende September bis zum Frost und im Frühjahr bei offenem Boden bis Ende April gepflanzt werden. Seit längerer Zeit gibt es diese Sorten auch im Container, wodurch die Pflanzung dann mit der Ausnahme von Frostperioden ganzjährig möglich ist.

Kultur am Spalier und am Stab

Starkwachsende rote Sorten wie Haronia ®, Jonkheer van Tets, Stanza und Rondom eignen sich gut für die Kultur am Spalier. Bei dieser Methode schlägt man in ca. 5-m-Abständen etwa 2,50 m lange Pfähle in die Erde, die etwa 1,75 bis 2,00 m herausragen sollten. Im Abstand von ca. 50 cm befestigt man daran kräftige Spanndrähte in waagerechter Position. Die Pflanzen werden in einem Abstand von etwa 80 cm an das Spalier gepflanzt. Die roten Johannisbeeren werden dann fächerförmig mit 3–5 Grundtrieben an den Drähten befestigt. Dabei werden alle Triebe entfernt, die sich nicht an das Spalier leiten lassen. Die kräftigen Triebe werden im Laufe der Zeit bis zur Endhöhe des Spaliers hochgezogen. Dabei muss immer auf die Nachschaffung junger Grundtriebe geachtet werden.

Alle Nebentriebe, die nicht zur Verjüngung der Pflanzen dienen, werden direkt über dem Boden entfernt. Die Entwicklung starker Seitentriebe muss bei der Spalierkultur durch Sommerschnitt unterbunden werden. Kurzes Seitenholz und entsprechendes Fruchtholz sind Garanten für einen optimalen Fruchtbehang. Durch den jährlichen Fruchtholzschnitt werden die Spaliere schmal gehalten.

Ebenfalls lassen sich diese Sorten platzsparend an einem kräftigen, bis 1,5 Meter langen Stab kultivieren. Dabei werden die Pflanzen eintriebig mit flexiblem Bindematerial ständig angeheftet.

Die Seitentriebe kürzt man pyramidal auf 10 bis 15 cm ein, damit Fruchtholz entsteht. Später muss überaltertes Holz regelmäßig durch Nachschaffung junger Triebe ersetzt werden.

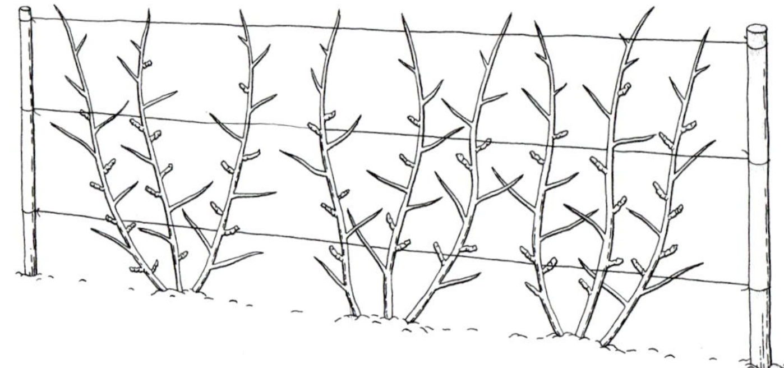

Bei einigen roten Johannisbeeren ist auch eine Kultur am Spalier und am Stab möglich.

Pflanzung von Wurzelnackten und Containerpflanzen

Wurzelnackte Pflanzen werden möglichst direkt nach dem Kauf gepflanzt. Vorher werden die Wurzeln jeweils um etwa 1/3 mit einem sauberen Schnitt eingekürzt, alle Triebe schneidet man auf 2 Augen zurück. Dabei sollten die Augen nach außen zeigen, damit die Pflanzen einen breitbuschigen Habitus entwickeln können. Dieses gilt sowohl für Sträucher als auch für Stämme mit und ohne Container.

Containerpflanzen benötigen keinen Wurzelschnitt. Allerdings müssen die Ringelwurzeln mit Messer oder Schere an mehreren Stellen durchtrennt werden, damit die Wurzeln aus dem Ballen herauswachsen können. Die Triebe werden wie bei wurzelnackten Pflanzen geschnitten.

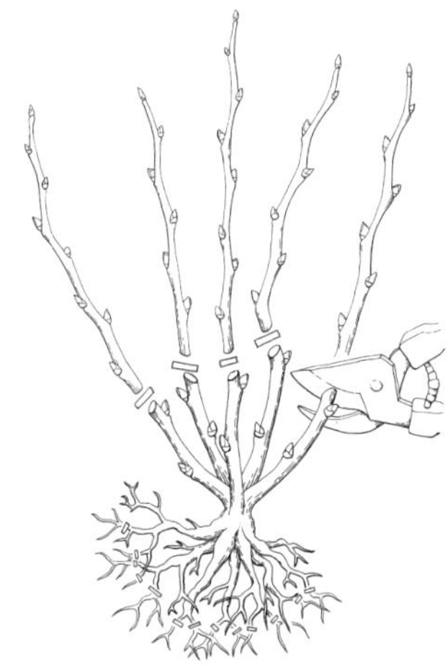

Auch beim Rückschnitt wurzelnackter Pflanzen ist auf die Stellung der Augen nach außen zu achten, Wurzeln werden angemessen eingekürzt.

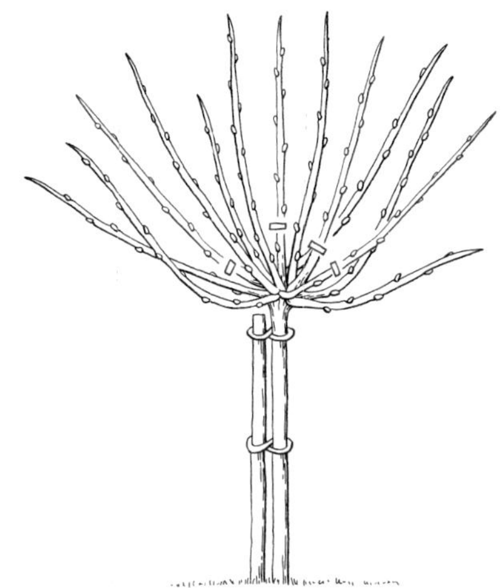

Auch die Kronen von Stämmen benötigen einen kräftigen Pflanzschnitt, die Stämme werden mehrmals an einem Pfahl fixiert.

Wichtig ist, dass Wurzeln und Wurzelballen stets ausreichend feucht sind, damit ein optimales Anwachsen gewährleistet ist.

Rote Johannisbeeren verlangen feuchte und frische Böden, vertragen aber keine Staunässe. Die Pflanzabstände sollten bei Sträuchern etwa 1,50 m, bei Stämmen 0,75 m in der Reihe betragen. Im Verband beträgt der günstigste Reihenabstand 2–3 m. Bei Spalieren beträgt der Abstand ca. 80 cm, bei mehreren Reihen sollte der Abstand etwa 2 m betragen. Sträucher benötigen keine Stützen. Bei Stämmen ist hingegen ein kräftiger Pfahl erforderlich, der bis in die Krone hineinragen sollte, an dem der Stamm 2 bis 3 mal fixiert wird, damit die schwere Krone bei Wind nicht abbricht.

Empfehlenswerte Sorten	Reifezeit
Haronia Ⓢ	ab Mitte Juni
Jonkheer van Tets	ab Mitte Juni
Junifer	ab Mitte Juni
Rolan	ab Mitte Juni
Rondom	ab Mitte Juli
Rotet	ab Mitte Juni
Rote Vierländer	ab Mitte Juni
Red Lake	ab Mitte Juni
Rosetta	ab Anfang Juli
Rovada	ab Anfang Juli
Stanza	ab Anfang Juli
Heinemanns Spätlese	ab Mitte Juli
Traubenwunder ®	ab Mitte Juli

Es ist ratsam, unterschiedliche Sorten zu pflanzen, damit der Fruchtansatz verbessert wird.

Nur junges, vitales Holz trägt ausreichend Früchte.

Der Pflegeschnitt

Im Sommer werden zu dichte, nicht fruchtende Triebe ausgelichtet.

Nach 2–3 Jahren werden alte, abgetragene Triebe von Februar bis März bis direkt über den Boden zurückgeschnitten, damit nur junges und wüchsiges Fruchtholz nachbleibt. Altes, nicht mehr vitales Holz erkennt man an der dunklen Farbe und wenigen Blütenknospen. Dabei sollten die Pflanzen großzügig ausgelichtet werden, damit die Früchte später ausreichend von der Sonne erreicht werden und gleichmäßig reifen. Einjährige Triebe kürzt man etwa um die Hälfte ein, damit sich neue Fruchttriebe bilden können.

Pflanzenschutz

Bei den genannten Sorten kommt es bei optimalen Bodenverhältnissen kaum zu **Mehltauerkrankungen**. Da der Pilz meist in den Triebspitzen überwintert, sollten diese schon vorbeugend im Spätherbst abgeschnitten und verbrannt werden.

An roten und weißen Johannisbeeren kann gelegentlich die **Johannisbeerblasenlaus** im Frühjahr vorkommen. Dann befinden sich an der Unterseite der Blätter gelblichgrüne Läuse, an der Oberseite treten rötliche Blasen auf. Im Juni wechselt die Laus auf andere Wirtspflanzen und kehrt im Herbst auf die Johannisbeere zurück.

Bekämpfung: Im Winter sollte ein biologisch abbaubares, z.B. Rapsöl, oder paraffinhaltiges Austriebspritzmittel zur Bekämpfung der Wintereier eingesetzt werden. Der günstigste Zeitpunkt ist das sogenannte „Mausohrstadium". Bevor die Blattknospen ganz aufbrechen, muss die Spritzung erfolgen. Später kommt es leicht zu Schädigungen der jungen, zarten Blätter.

Falls im Frühjahr Läusebefall auftritt, sollte dieser mit einem zugelassenen Insektizid bekämpft werden (Wartezeiten unbedingt beachten). Treten trotzdem im Sommer Läuse auf, kann die Bekämpfung mit einer zweiprozentigen Lauge aus grüner Seife (200 ml auf 10 l Wasser) vorgenommen werden.

Weiße Johannisbeeren

Weiße Johannisbeeren erhalten den gleichen Pflanz- und Pflegeschnitt wie die roten Sorten und werden auch entsprechend gepflanzt. Ebenso werden etwaige Pflanzenschutzmaßnamen wie bei den rotfrüchtigen Sorten durchgeführt. Da die Erträge der weißen Sorten häufig geringer sind, haben sie eigentlich nur Liebhaberwert. Allerdings haben die Früchte einen geringeren Säuregehalt, wodurch sie für Menschen mit Magenproblemen besser verträglich sind.

Die Fruchtreife kann je nach Region um 1–2 Wochen abweichen.

Empfehlenswerte Sorten	Reifezeit
Weiße Versailler	ab Mitte Juni
Weiße von Jüterbog	ab Mitte Juni
Blanka	ab Anfang Juli
Vit Jätte	ab Anfang Juli

Schwarze Johannisbeeren

Diese Sorten haben einen besonders hohen Vitamin C-Gehalt, der sogar höher ist als der von Zitrusfrüchten, eignen sich aber weniger für den Frischverzehr. Die Früchte finden hauptsächlich zur Herstellung von Gelee, Marmelade und Saft Verwendung.

Schwarze Johannisbeeren wachsen besonders stark, daher muss der Pflanzschnitt besonders kräftig durchgeführt werden.

Schwarze Johannisbeeren werden in den gleichen Anbauformen angeboten wie die roten und weißen Sorten. Auch ist die Pflanzung entsprechend vorzunehmen. Allerdings wachsen schwarzfrüchtige Sorten kräftiger. Daher sollte der Abstand in der Reihe 2 m, der Reihenabstand 2,50 m im Verband betragen. Da die Blüten der schwarzen Johannisbeere gelegentlich unter Spätfrösten leiden, sollten geschützte Standorte gewählt werden.

Ein leicht schattiger Platz ist vorteilhaft, da die Pflanzen extreme Sonneneinstrahlung nicht so gut vertragen.
Ein feuchter aber durchlässiger Boden hat sich bewährt, denn Staunässe vertragen schwarze Johannisbeeren ebenfalls nicht. Der Pflanzschnitt und die Pflanzung werden wie bei den roten und weißen Johannisbeeren durchgeführt, ebenso die Düngemaßnahmen. Da die Schwarze Johannisbeere kräftiger wächst, muss auch ein intensiverer Pflegeschnitt durchgeführt werden.

Da die Sorten nahezu selbststeril sind, müssen zwingend mehrere Sorten gepflanzt werden!

Ausreichendes Licht gilt als Gewähr für eine gute Ernte.

Empfehlenswerte Sorten	Reifezeit
Titania	ab Mitte Juni
Ben Alder Ⓢ	ab Ende Juni
Ben Lomond	ab Mitte Juni
Ben Sarek	ab Mitte Juni
Öjebyn	ab Mitte Juni
Silvergieters Schwarze	ab Mitte Juni
Hedda	ab Ende Juni
Rosenthals Langtraubige	ab Ende Juni
Ben Moore	ab Mitte Juni
Malling Jet	ab Mitte Juli

Die Pflanzabstände bei Sträuchern sollten etwa 2 m in der Reihe und der Reihenabstand 2,50 m im Verband betragen.

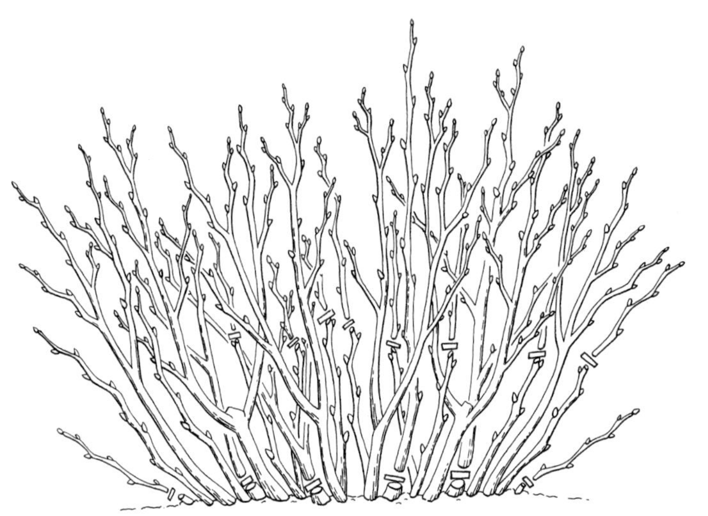

Bedingt durch das starke Wachstum muss der jährliche Pflegeschnitt kräftig durchgeführt werden.

Gelegentlich werden Schwarze Johannisbeeren von der Johannisbeergallmilbe befallen, hier sind Maßnahmen zu ergreifen.

Pflanzenschutz
Bei schwarzen Johannisbeeren kann es gelegentlich zum Befall durch die **Johannisbeergallmilbe** kommen. Bereits im Herbst schwellen die Knospen stark an und treiben im Frühjahr nicht mehr aus. Die befallenen Triebe müssen herausgeschnitten und verbrannt werden. Eine Winterspritzung mit einem rapsöl- oder paraffinhaltigen Spritzmittel lässt sich auch hier erfolgreich durchführen.

Mehltau kommt auch an schwarzen Johannisbeeren vor, wobei nur die Blätter infiziert, die Früchte jedoch nicht befallen werden. Ein gut durchlüfteter Standort mindert den Befall. Sorten wie Ben Sarek, Hedda und Titania sind weniger anfällig.

Gelegentlich werden schwarze Johannisbeeren auch von **Säulenrost** befallen. Dabei zeigen sich ab Juli auf den Blattunterseiten rötliche Pusteln, die sich schnell ausbreiten. Befallenes Laub und Triebe müssen entfernt und verbrannt werden. Da der Rostpilz die Weymouthkiefer als Zwischenwirt benötigt, sollte eine räumliche Trennung von mindestens 50 m erfolgen. Eine Bekämpfung mit Pilzmitteln ist nicht möglich, da es zurzeit keine zugelassenen Mittel gibt. Auch hier gilt: Optimale Bodenpflege und Pflanzenernährung können einem Schädlingsbefall an den Pflanzen vorbeugen.

2.1.2 Stachelbeeren

Neben den verschiedenen Johannisbeeren haben Stachelbeeren in den unterschiedlichen Fruchtfarben und Sorten eine große Bedeutung. Neben dem Frischverzehr eignen sich Stachelbeeren für die Herstellung von Säften, Weinen, Konfitüren,

Kuchenbelägen und zum Einfrieren. Stachelbeeren bevorzugen mittelschwere bis schwere Böden. Der Fruchtbehang beginnt ebenfalls schon nach ein bis zwei Jahren. Trockenheit, aber auch Staunässe vertragen Stachelbeeren nicht. Auf leichten Böden ist eine Anreicherung mit Humus notwendig. Bei Trockenheit muss ausreichend gewässert werden, da die Früchte ansonsten leicht verkümmern.

Bei **Stämmen** reicht ein Abstand von 1 m in der Reihe und ein Reihenabstand von 1,20 m aus.

Pflanzung von Wurzelnackten und Containerpflanzen

Wurzelnackte Sträucher und Stämme werden direkt nach dem Kauf ab Ende September gepflanzt. Es sollten nur kräftige Pflanzen mit mindestens 5 Trieben gekauft werden. Das Wurzelwerk wird um etwa 1/3 mit einer scharfen Schere eingekürzt, wobei beschädigte Wurzeln ganz entfernt werden. Die kräftigen Triebe werden auf 3 bis 5 Augen zurückgeschnitten, schwaches Holz wird vollständig entfernt. Die nötigen Pflanzlöcher werden etwa doppelt so groß ausgehoben wie das Wurzelwerk es erfordert. Dabei sollte der Untergrund ausreichend tief gelockert werden, damit Bodenverdichtungen beseitigt werden. Bei Stämmen ist ein stabiler Stützpfahl erforderlich, der in die Krone hineinragen sollte.

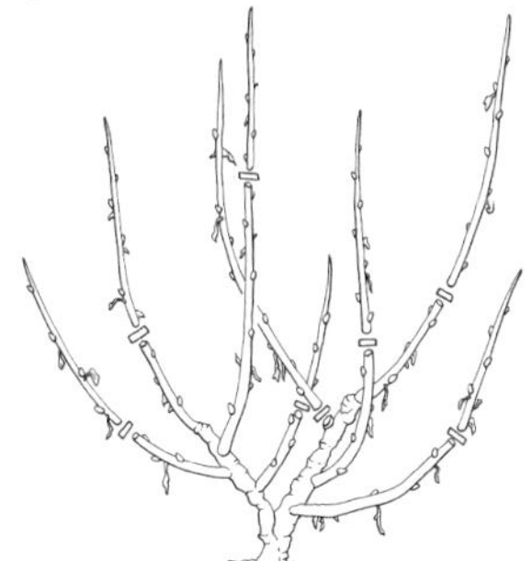

Für eine gute spätere Entwicklung müssen Stachelbeersträucher vor der Pflanzung kräftig geschnitten werden.

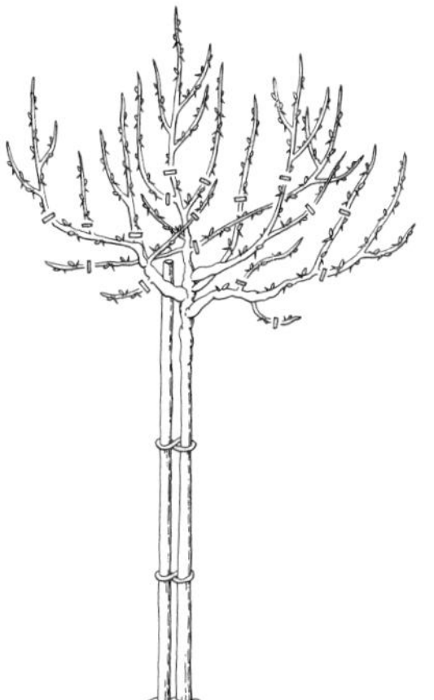

Bei Stämmen ist ebenfalls ein kräftiger Kronenschnitt erforderlich. Die Stämme erhalten einen dauerhaften Stützpfahl.

Die gut angefeuchteten Wurzeln werden bis zum Übergang von Wurzeln und Trieben in das Pflanzloch gehalten, schichtweise mit der Aushuberde verfüllt und locker angetreten. Wenn reifer Kompost vorhanden ist, kann dieser untergemischt werden. Abschließend wird ein Gießrand geschaffen und bis zum Anwachsen regelmäßig durchdringend gewässert.

Pflanzen in Containern können mit Ausnahme von Frostperioden ganzjährig gepflanzt werden.

Der oberirdische Pflanzschnitt der Containerpflanzen erfolgt wie bei den wurzelnackten Pflanzen.

Vor der Pflanzung werden die Kulturbehälter solange in einen Wassereimer gestellt bis keine Blasen mehr aufsteigen. Danach lässt sich der Container leicht abziehen.

Der eigentliche Pflanzvorgang erfolgt wie bei den wurzelnackten Pflanzen. Der überwiegende Anteil der Blüten wächst am zweijährigen Holz, bei mehrjährigen Trieben befindet sich dieser an jungen, kurzen Seitentrieben.

Containerpflanzen benötigen zwar keinen Wurzelschnitt, etwaige Ringelwurzeln müssen jedoch aufgetrennt werden.

Stachelbeerblüten sind zwittrig und damit selbstfruchtbar. Da allerdings die Staubblätter vor der Narbe reif sind, müssen verschiedene Sorten angepflanzt werden.

Ein optimaler Bienenflug sorgt für einen guten Fruchtansatz.

Die Lebensdauer von Stachelbeerpflanzen ist auf 10–15 Jahre begrenzt, auch hier sollte rechtzeitig für Ersatz gesorgt werden.

Da viele ältere Sorten anfällig für den **Amerikanischen Stachelbeermehltau** sind, sollte auf diese Sorten möglichst verzichtet werden. Durch Neuzüchtungen und Selektionen stehen zurzeit eine Reihe kaum anfälliger Sorten zur Verfügung.

Robuste Stachelbeersorten sind wenig anfällig gegen den Amerikanischen Stachelbeermehltau.

Empfehlenswerte Sorten	Frucht	Reifezeit
Remarka	rot/rund	ab Mitte Juni
Risulfa	hellgelb/rund	ab Mitte Juni
Xenia Ⓢ	orange/eiförmig	ab Mitte Juni
Invicta	gelb/eiförmig	ab Ende Juni
Hinnomäki gelb	gelb/rund	ab Anfang Juli
Hinnomäki grün	grün/rund	ab Anfang Juli
Hinnomäki rot	rot/rund	ab Anfang Juli
Redeva Ⓢ	rot/rund	ab Anfang Juli
Reflamba	grün/birnenförmig	ab Anfang Juli
Risulfa	gelb/elliptisch	ab Anfang Juli
Tatjana	grün/elliptisch	ab Anfang Juli
Captivator	rot/rund	ab Mitte Juli
Karlin	grün/rund	ab Mitte Juli
Mucurines	grün/rund	ab Mitte Juli

Fruchtformen und Pflückreife

Die Früchte an Stachelbeerpflanzen wachsen meist einzeln, können aber auch je nach Sorte zu zweit oder zu dritt sitzen. Die Fruchtformen variieren von rund über elliptisch, eiförmig bis birnenförmig.

Bei locker geschnittenen Pflanzen reifen die Früchte gleichmäßig und können in einem Arbeitsgang abgeerntet werden. Es werden insgesamt 3 Reifestadien unterschieden:

1. Noch unreife, nicht ausgewachsene Früchte. In dieser Reifephase eignen sich die Früchte besonders für Kompott, als Kuchenbelag und zum Einfrieren. In diesem Zustand ist die Säurebildung noch nicht so ausgeprägt und es wird weniger Zucker benötigt.

2. Halbreife, aber ausgewachsene Früchte erntet man etwa 2 Wochen später. Sie eignen sich dann für Marmeladen und Gelees sowie zum Einfrieren.

3. Vollreife Früchte werden zum Ende der Pflücksaison abgeerntet. Diese sind überwiegend für den Frischverzehr, die

Saftgewinnung und für die Fruchtweinherstellung vorgesehen. In diesem Reifezustand besitzen die Stachelbeeren das voll entwickelte Aroma. Das richtige Verhältnis von Zucker und Fruchtsäure ist für die Herstellung schmackhafter Getränke besonders wichtig.

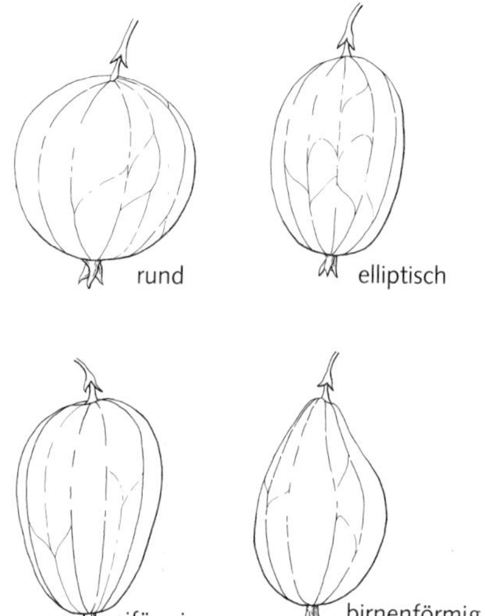

Die Fruchtformen der einzelnen Stachelbeersorten können unterschiedlich sein.

Bei der Ernte der Beeren ist darauf zu achten, dass die Stiele an der Frucht verbleiben. Wird die Fruchtschale beschädigt, tritt Saft aus und die Früchte leiden schnell in ihrer Haltbarkeit.

Der Pflegeschnitt

Wie bei den Johannisbeeren ist bei Stachelbeeren ein regelmäßiger Pflegeschnitt notwendig. Da die Wuchsformen der Sorten sehr unterschiedlich sind, müssen verschiedene Methoden eingesetzt werden. Einzelne Sorten neigen dazu, die Kronen nach unten zu entwickeln. Hier müssen die nach unten wachsenden Triebe ganz entfernt werden. Das Ziel ist es, eine möglichst aufrechte Krone zu erzielen.

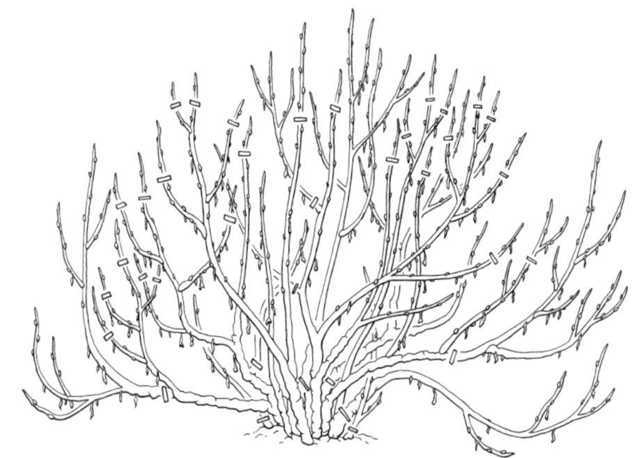

Bei Stachelbeeren ist ein jährlicher, kräftiger Pflegeschnitt notwendig.

Der Auslichtungsschnitt mit dem Ziel eines gleichmäßigen Kronenaufbaus ist auch bei Sträuchern entscheidend und muss regelmäßig erfolgen.

Da die Sorten sehr unterschiedlich wachsen, muss der Schnitt individuell erfolgen. Die Pflanzen müssen einen lockeren und übersichtlichen Aufbau erhalten. Bei zu dichten Kronen entwickeln sich die Früchte häufig nicht ausreichend, sie bleiben zu klein und reifen nicht gleichmäßig.

Den optimalen Fruchtertrag liefert das zwei- und dreijährige Holz. Zu altes, dunkles Holz muss bis zur Basis auf Astring entfernt werden. Es ist ganz wichtig, immer genügend junges Holz nachzuziehen. Eine lockere und gut ausgelichtete Krone erleichtert die Erntearbeit erheblich.

Die Hauptzeit für den Schnitt ist von Januar bis März. Da Stachelbeeren früh austreiben, sollten die Schnittmaßnahmen Ende März abgeschlossen sein.

Die Jostabeeren sind aus der Kreuzung von Schwarzen Johannisbeeren und Stachelbeeren entstanden.

Pflanzenschutz

Der Amerikanische Stachelbeermehltau, von dem vorwiegend ältere Sorten befallen werden, zeigt sich im Spätsommer zuerst an den Triebenden, die daraufhin verkümmern und einen gestauchten Wuchs haben. An den Triebspitzen verursacht der Pilz einen schmutzigweißen Belag. Daher ist es besonders wichtig, alle Triebspitzen möglichst schon im Spätherbst bis in das gesunde Holz abzutrennen. Die mit Stachelbeermehltau infizierten Triebteile müssen zur Vorbeugung von Folgeinfektionen unbedingt verbrannt werden. Wird diese Maßnahme sorgfältig durchgeführt, kann auf den Einsatz von Spritzmitteln verzichtet werden.

Dennoch besitzen die Jostabeeren eine ausgeprägtere Wuchsstärke.

Gelegentlich kann es außerdem zum Befall durch die **kleine Stachelbeerblattlaus** kommen. Die Blattlauskolonien sind im Sommer deutlich sichtbar. Der Einsatz von Insektiziden ist allerdings während und nach der Blüte nicht anzuraten, da meist lange Karenzzeiten zu beachten sind. Im Sommer können stark befallene Triebe abgeschnitten und verbrannt werden. Ferner kann man mit einer zweiprozentigen Lauge (200 ml auf 10 l Wasser) aus grüner Seife spritzen. Diese Methode ist für den Menschen ungefährlich, sollte aber spätestens 2 Wochen vor der Ernte abgeschlossen sein.

Eine Bekämpfung durch Nützlinge ist ebenfalls möglich, wobei sich besonders der Einsatz von Marienkäfern bewährt hat. Eine einzige Marienkäferlarve vertilgt während ihrer Entwicklung 600 bis 800 Blattläuse.

Die Vernichtung von Läuseeiern ist durch eine Winterspritzung im Februar bis März mit ölhaltigen Mitteln sehr gut möglich und hilft dabei, die Verbreitung des Amerikanischen Stachelbeermehltaus stark zu reduzieren.

2.1.3 Jostabeeren (Schwarze Johannisbeere x Stachelbeere)

Ihr Holz ist genau wie das der Schwarzen Johannisbeere stachellos. Die Früchte sind dunkelviolett bis schwarz, sitzen zu 2 bis 3 Beeren zusammen und sind Anfang bis Mitte Juli reif. Bei der Ernte müssen die Beerenstiele mitgepflückt werden, da der Saft ansonsten aus den Früchten ausläuft. Da die Pflanzen stachellos sind, ist die Ernte recht unkompliziert.

Die Früchte sind für den Frischverzehr, Gelee, Konfitüre und zur Saftgewinnung geeignet.

Pflanzung und Ansprüche

Die Pflanzung und der Schnitt aller Kulturformen erfolgt wie bei Johannisbeeren oder Stachelbeeren.

Diese eigenständige Art hat keine besonderen Ansprüche an Boden und Klima und ist überdies resistent gegen Mehltau und Gallmilben.

Die Jostabeere ist eine interessante Kreuzung aus Schwarzer Johannisbeere und Stachelbeere.

Der Pflegeschnitt

Da Jostabeeren kräftig wachsen, ist schon ab dem 3. Standjahr ein regelmäßiger Pflegeschnitt notwendig. Dabei ist besonders auf einen aufrechten Wuchs der Pflanzen zu achten. Waagerechte Bodentriebe und nach innen wachsende Triebe sind jährlich zu entfernen. Da die Alterung der Pflanzen nach ca. 10 Jahren einsetzt, muss rechtzeitig für Ersatz gesorgt werden.

Pflanzenschutz

Da Jostabeeren unempfindlich gegenüber Mehltau und Gallmilben sind, müssen keine besonderen Maßnahmen ergriffen werden.

2.1.4 Himbeeren

Die im Gartenbereich verwendeten Himbeeren stammen fast alle von der heimischen Wildhimbeere (*Rubus idaeus*) ab. Durch Kreuzungen mit der Amerikanischen Himbeere (*Rubus strigosus*) sind wertvolle Kultursorten entstanden.

Aufgrund des außergewöhnlichen Geschmacks zählen Himbeeren zu den besonderen Beerenfrüchten. Die Früchte zeichnet neben den allgemeinen Inhaltsstoffen und Vitaminen ein besonders hoher Anteil an Magnesium und Calcium aus.

Geeignet sind die Früchte besonders zum Frischverzehr, als Kuchenbelag, Gelee, Marmelade, zur Saftgewinnung, zur Destillation von Spirituosen und zum Einfrieren.

Hinsichtlich der Bodenverhältnisse ist diese Fruchtart recht anspruchslos. Humose, leicht lehmige Böden sind ideal. Staunässe vertragen Himbeeren allerdings nicht. Auf leichten Böden können durch ausreichende Bewässerung gute Bedingungen geschaffen werden. Durch eine Abdeckung mit Mulchmaterialien kann der Wasserhaushalt verbessert werden. Der pH-Wert sollte zwischen 5,5 und 6,5 liegen.

Pflanzung

Die Pflanzung erfolgt ab Mitte Oktober als wurzelnackte Pflanze. Containerpflanzen können dagegen ganzjährig gesetzt werden. Der Boden muss tiefgründig gelockert und mit reifem Kompost oder abgelagertem Stalldung angereichert werden. Der geringere Stickstoffgehalt von Kompost im Vergleich zu Stalldung kann durch die Zugabe von Hornspänen (30 bis 50 g/m²) oder von getrocknetem Rinder- oder Hühnerdung (20 bis 30 g/m²) kompensiert werden. Mineralische Dünger sollten erst im April mit etwa 15 g Volldünger pro Quadratmeter erfolgen. Der Pflanzabstand sollte 40 bis 50 cm in der Reihe, der Reihenabstand mindestens 2 Meter betragen.

Wichtig ist es, nur gesundes Pflanzenmaterial zu setzen. Verschiedene Viruserkrankungen, die durch Blattläuse, Zikaden oder krankes Pflanzenmaterial aus verseuchten Beständen hervorgerufen werden, können vorhandene Bestände schnell befallen.

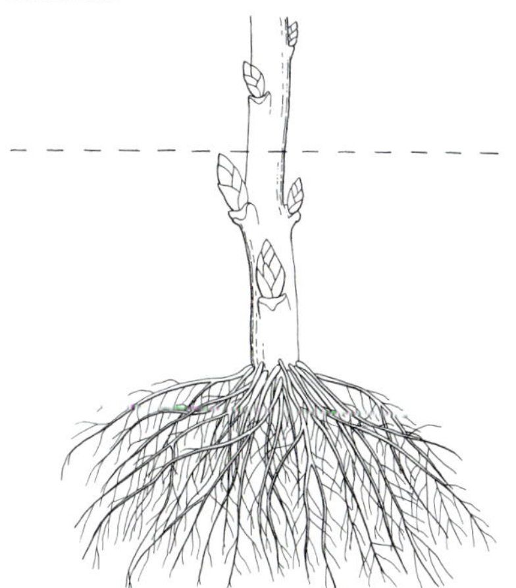

Himbeeren benötigen einen kräftigen Pflanzschnitt auf 3 bis 5 Augen.

Wurzelnackte Ruten werden bis auf 3 bis 5 Augen zurückgeschnitten, wobei 2 Basisaugen mit in die Erde eingebracht werden, die dann im Frühjahr entsprechend austreiben.

Durch das kräftige Wachstum benötigen Himbeeren Stützgerüste. In einem Abstand von 5 m werden kräftige Pfähle eingeschlagen, die ca. 1,75 m aus dem Boden ragen sollten. In Abständen von etwa 50 cm werden stabile Drähte gespannt, an denen die Ruten befestigt werden. Alternativ können auch Doppeldrähte gespannt werden, von denen die Ruten gehalten werden.

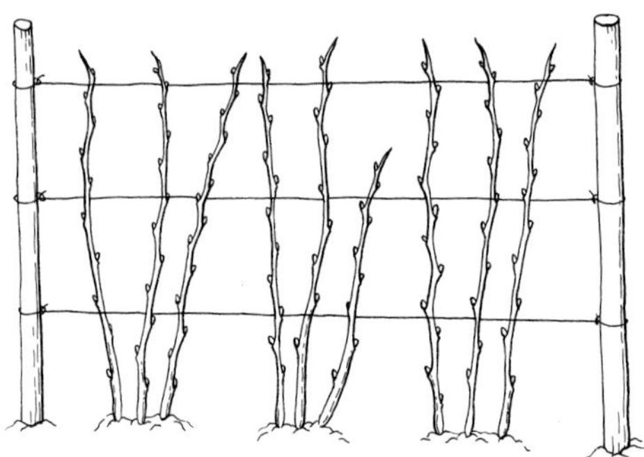

Himbeeren an Einzeldrähten

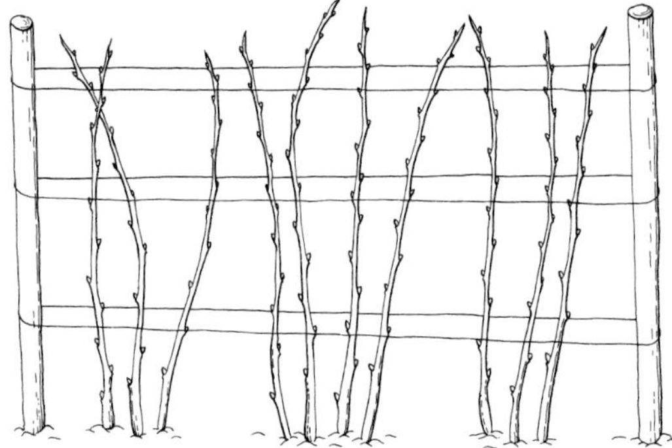

Himbeeren zwischen Doppeldrähten

Überdies können V-förmige Kulturen angelegt werden. Bei dieser Methode werden zunächst nur die Fruchtruten an den Drähten fixiert. Die jungen Ruten können sich direkt senkrecht nach oben entwickeln und stören nicht bei der Ernte.

Himbeeren sind selbstfruchtbar, allerdings verbessert der Anbau von mehreren Sorten die Ertragsleistung.

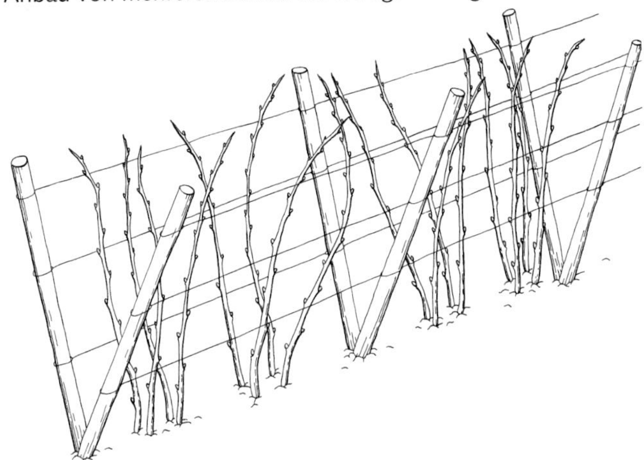

V-förmige Anordnung des Erziehungsgerüstes

Einmal tragende Himbeeren

Die meisten Sorten sind einmal tragend, die Reifezeit liegt etwa bei Mitte August. Himbeeren sind Halbsträucher, die sich aus den Wurzelstöcken erneuern. Im ersten Jahr entwickeln sich die Jungruten, die eine Länge von bis zu 2,50 m erreichen. Im Folgejahr entstehen an diesen Ruten kurze, fruchtende Seitentriebe. Um die Seitentriebe zu fördern, können die langen Jungtriebe um etwa 20 cm eingekürzt werden.

Nach der Ernte müssen abgetragene Fruchtruten direkt über dem Boden abgeschnitten werden. Das Buschwerk sollte möglichst verbrannt werden, um die Ausbreitung von Rutenkrankheiten zu verhindern.

Empfehlenswerte Sorten	Frucht	Reifezeit
Golden Queen	rund/gelb	ab Mitte Juni
Himbo Star Ⓢ	kegelförmig/mittelrot	ab Anfang Juni
Malling Promise	oval/dunkelrot	ab Anfang Juni
Meeker	länglich/mittelrot	ab Mitte Juni
Glen Ample Ⓢ	oval/mittelrot	ab Anfang Juni
Rubaca Ⓢ	rund/leuchtendrot	ab Mitte Juli
Elida ®	oval/leuchtendrot	ab Mitte Juni
Schönemann	kegelförmig/dunkelrot	ab Anfang Juli
Tulameen	länglich/dunkelrot	ab Mitte Juli
Willamette	oval/dunkelrot	ab Ende Juni

Im Herbst tragende Himbeeren

Zur Verlängerung der Himbeersaison sind durch Selektion und Züchtung einige wertvolle Sorten entstanden. Vom Spätsommer bis zur Frostgrenze können daher noch frische und schmackhafte Himbeeren im eigenen Garten geerntet werden. Weil zu dieser Zeit die Flugzeit des Himbeerkäfers längst vorbei ist, sind diese späten Sorten stets frei von Madenbefall.

Empfehlenswerte Sorten	Frucht	Reifezeit
Pokusa Ⓢ	oval/dunkelrot	August bis Oktober
Fallgold	rund/gelb	ab Anfang August
Himbo Top ®	rund/mittelrot	ab Anfang August
Zefa Herbsternte	rund/dunkelrot	ab Anfang August
Twotimer gelb ®	länglich/hellrot	Juni bis Oktober
Twotimer rot ®	länglich/hellrot	Juni bis Oktober

Der Pflegeschnitt aller Himbeeren, auch die im Herbst tragenden

Direkt nach der Ernte werden die abgetragenen Ruten unmittelbar über dem Erdboden abgeschnitten. Es dürfen keine Triebreste stehen bleiben. Dadurch wird die Verbreitung der berüchtigten Rutenkrankheit eingedämmt. Bei dieser Gelegenheit werden außerdem schwache Triebe entfernt, da nur kräftige Ruten einen guten Fruchtbehang gewährleisten. Das abgeschnittene Holz muss unbedingt verbrannt werden, damit sich eventuell darin befindliche Krankheitserreger nicht ausbreiten können. Die verbleibenden jungen Triebe werden an den Spanndrähten befestigt.

Pflanzenschutz

Durch die sorgfältige Entfernung abgetragener Ruten wird der Befall durch die Rutenkrankheit stark reduziert. Sollten während der Wachstumsphase welke Ruten auftreten, sind diese sofort zu entfernen und zu verbrennen. Milbenbefall fördert die Rutenkrankheit. Daher sollten die Pflanzen im Frühjahr gegebenenfalls mit einem Milbenmittel behandelt werden.

Gelegentlich kann es bei frühtragenden Sorten zum Befall durch den Himbeerkäfer kommen. Die Käfer fressen den Inhalt der Blütenknospen und befallen auch offene Blüten. Der Befallsdruck sollte daher geprüft und die Käfer eventuell abgesammelt werden. Bei sehr starkem Befall kann im Notfall mit einem Insektizid mit sehr kurzer Wartezeit gespritzt werden. Der Blattlausbefall muss kontrolliert werden, da Blattläuse auch Viruserkrankungen übertragen können. Ist kein Nützlingseinsatz möglich, kann mit einer zweiprozentigen Lauge von grüner Seife gespritzt werden.

2.1.5 Brombeeren, Japanische Weinbeeren

Seit etwa 150 Jahren werden **Brombeeren** in Europa als Kulturpflanzen angebaut. Zunächst dienten sie wegen ihrer Bestachelung oft zur Abgrenzung von Grundstücken. In heutigen Gärten findet diese Art eine untergeordnete Verwendung. Im Gegensatz zu den Wildbrombeeren lassen sich die selektierten

Für einen kontrollierten Anbau ist die Anzucht am Spalier zwingend notwendig. Die Anbindevorrichtungen sollten wie bei den Himbeeren aufgebaut sein.

Kulturformen gut kultivieren.

Durch Züchtung und Selektion sind zwischenzeitlich Sorten ohne Stacheln entstanden, die sowohl die Kultur als auch die Ernte vereinfachen. Inzwischen sind diese Sorten den Urformen meist ebenbürtig. Brombeeren eignen sich für den Frischverzehr, Marmelade, Gelees, zur Saftgewinnung und zum Einfrieren. Es wird grundsätzlich zwischen bestachelten und stachellosen Sorten unterschieden. Wie bei den Himbeeren verjüngen sich die Brombeeren aus dem Wurzelbereich. Die Ranken werden maximal 2 Jahre alt, danach ist die Vitalität abgebaut.

Im ersten Jahr entstehen Langtriebe, an denen im nächsten Jahr fruchtende Kurztriebe wachsen. Die Ansprüche an die Kultur im Garten sind gering, die Art gedeiht fast auf allen Böden. Allerdings ist eine gute Bodenfeuchtigkeit eine wichtige Voraussetzung, da die Früchte während der Reifezeit sonst leicht vertrocknen. Bei trockenen Böden ist während der Fruchtreife eine Zusatzbewässerung notwendig. Da Brombeeren spät blühen, besteht keine Frostgefahr für die Blüten.

Ursprünglich in Japan und China beheimatet, wurden **Japanische Weinbeeren** um 1875 in Europa eingeführt. Die Pflanzen benötigen einen durchlässigen, humosen Boden mit einem pH-Wert zwischen 5,5 und 6,5. Der Standort kann sonnig bis halbschattig sein. Die Weinbeere wird zwischen 1 und 1,5 m hoch und bildet meist Horste. Sie kann aber auch wie Himbeeren oder Brombeeren an Spalieren gezogen werden.

Die roten rundlichen Früchte reifen ab Mitte Juli, sie eignen sich zum Frischverzehr, für Marmeladen und Gelee sowie zum Einfrieren. Ihr Geschmack ist süßlich mit einem leicht säuerlichen Anflug.

Japanische Weinbeeren reifen nicht gleichmäßig, sie müssen mehrmals durchgepflückt werden!

Pflanzung

Wurzelnackte **Brombeer-Pflanzen** werden ab Mitte Oktober, Containerpflanzen ganzjährig gepflanzt. Da alle Sorten lange Triebe von oft mehr als 3 m ausbilden, darf der Pflanzabstand nicht unter 1,50 m liegen. Nach der Pflanzung erfolgt ein Rückschnitt auf 2 bis 3 Augen, damit ein stabiler Aufbau der Pflanzen gewährleistet ist.

Wurzelnackte **Pflanzen der Japanischen Weinbeere** können ab Mitte Oktober bis zum Frost und im Frühjahr bei offenem Boden bis Anfang Mai gesetzt werden. Containerpflanzen hingegen sind außerhalb der Frostperioden ganzjährig pflanzbar. Bei der Pflanzung werden die Triebe bis auf drei Augen zurückgeschnitten. Die Weinbeere ist winterhart. Allerdings sollte bei Herbstpflanzung der Wurzelbereich mit Laub, Kompost oder Reisig abgedeckt werden. In rauen Lagen ist später auch ein Winterschutz des Wurzelbereichs anzuraten.

Brombeeren sollten unbedingt am Spalier gezogen werden.

Empfehlens-werte Sorten	Frucht	Reifezeit	Stacheln
Asteriana ®	länglich/schwarz	ab Mitte Juli	keine
Black Satin	oval/schwarz	ab Mitte Juli	keine
Loch Ness ®	lang/schwarz	ab Mitte Juli	keine
Jumbo Ⓢ	rund/schwarz	ab Ende August	keine
Navaho Ⓢ	rund/schwarz	ab Mitte Juli	keine
Theodor Reimers	rund/schwarz	ab Mitte Juli	stark
Wilsons Frühe	oval/schwarzrot	ab Mitte Juli	wenig

Pflegeschnitt

Durch einen kräftigen Pflanzschnitt werden vitale **Brombeer-Sträucher** aufgebaut. Die sich während des Sommers entwickelnden jungen Triebe leitet man an das vorhandene Spalier und bindet sie mit einem dehnbaren Material an. An diesen Trieben werden oft lange Geiztriebe ausgebildet, die im Frühjahr auf 1 bis 2 Augen eingekürzt werden. Hier entsteht das Fruchtholz für den Sommer. Im Winter werden nur die abgetragenen Triebe direkt über dem Boden entfernt. Das noch vorhandene Laub schützt vor eventuellen Frostschäden.

Bei der **Japanischen Weinbeere** werden nach der Ernte die abgetragenen Ruten direkt über dem Boden abgetrennt. Diesjährige bleiben stehen, sie bilden das Fruchtholz für das nächste Jahr. Das abgetragene Holz sollte verbrannt werden.

Pflanzenschutz

Grundsätzlich ist bei **Brombeeren und Weinbeeren** kein Pflanzenschutz erforderlich, da gesundes Pflanzenmaterial Viruserkrankungen verhindert. Die Kronblätter der Weinbeeren-Blüten sind zudem mit einem Sekret versehen, das die Insekten fernhält.

Teilweise bleiben die Früchte rot, hart und reifen nicht aus. Dies ist ein Symptom für den Befall der Brombeergallmilbe.

Die ausreichende Bewässerung während des Fruchtansatzes vermindert den Befall durch die Milbe. Eine chemische Bekämpfung ist nicht erforderlich.

2.1.6 Taybeeren (Tayberry)

Bei dieser Fruchtart handelt es sich um eine Kreuzung aus Brombeere und Himbeere; eine Liebhabersorte, deren Früchte überwiegend konserviert werden. Zum Frischverzehr sind sie weniger geeignet, da sie kaum Aroma haben. Die Früchte sind konisch, etwa 4 cm lang und haben eine purpurrote Farbe. Die Zapfen lösen sich wie bei den Brombeeren nicht von den Früchten.

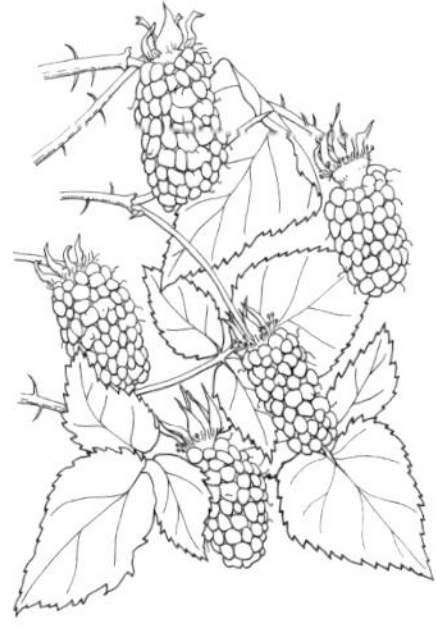

Die Taybeere ist eine Kreuzung aus Brombeere und Himbeere, sie wird auch am Spalier gezogen.

Pflanzung
Der Schnitt und die Pflanzung erfolgen wie bei den Brombeeren. Da diese Fruchtart ebenfalls sehr starktriebig ist, sind Spaliere zur optimalen Aufzucht notwendig.

Pflegeschnitt
Auch hier werden die abgetragenen Triebe im Winter bodennah entfernt. Die im Sommer wachsenden Ranken, die bis zu 3 m lang werden können, müssen unbedingt angebunden werden. Nebentriebe werden auf 1 bis 2 Augen zurückgeschnitten, um tragfähiges Fruchtholz zu erzeugen.

Pflanzenschutz
Ein besonderer Pflanzenschutz ist bei richtiger Standortwahl nicht erforderlich.

Gartenheidelbeeren sind sehr gut im Hausgarten zu kultivieren.

2.1.7 Gartenheidelbeeren

Heidelbeeren sind selbstfruchtbar. Dennoch ist es besser, verschiedene Sorten zu pflanzen.

Gartenheidelbeeren, die auch als Kulturheidelbeeren bezeichnet werden, sind aus Kreuzungen verschiedener Wildarten entstanden. Mit den heimischen Waldheidelbeeren oder den Blaubeeren haben sie wenig Gemeinsamkeiten.

Seit den ersten Kreuzungen und Selektionen im Jahr 1900 sind hochwachsende und großfrüchtige Sorten entstanden. Züchtungen und fortwährende Auslese haben einige gute Sorten für den Anbau im Hausgarten hervorgebracht.

Kulturheidelbeeren reifen ungleichmäßig und müssen mehrmals durchgepflückt werden. Da die Früchte auch von Amseln gerne verzehrt werden, ist ein Schutz durch Netze zu empfehlen. Die Früchte eignen sich gut zum Frischverzehr, zum Einfrieren, zur Herstellung von Marmeladen oder als Kuchenbelag.

Empfehlenswerte Sorten	Frucht	Reifezeit
Ama	rund/dunkelblau	ab Ende Juli
Berkeley	flachrund/hellblau	ab August
Bluecrop	rund/dunkelblau	ab Ende Juli
Chippewa	rund/hellblau	ab Anfang Juli
Duke	rund/hellblau	ab Ende Juni
Earliblue	rund/hellblau	ab Mitte Juli
Goldtraube	rund/mittelblau	ab August
Heerma	rund/mittelblau	ab Anfang August
Northland	rund/mittelblau	ab Anfang Juli
Patriot	rund/mittelblau	ab Anfang Juli
Spartan	rund/dunkelblau	ab Mitte Juni

Pflanzung

Gartenheidelbeeren werden ausnahmslos im Container herangezogen und können somit fast ganzjährig gepflanzt werden. Ein besonderer Pflanzschnitt ist kaum notwendig. Lediglich die langen Triebe sollten etwas eingekürzt werden, damit sich die Pflanzen entsprechend verzweigen. Wie bei allen Containerpflanzen müssen die Wurzelballen aufgetrennt werden.

Diese Pflanzenart verlangt einen sauren Boden. Der pH-Wert sollte daher zwischen 4 und 5 liegen. Wichtig ist darüber hinaus ein durchlässiger Boden, da die Pflanzen keine Staunässe vertragen. Allerdings muss während des Kulturjahres für ausreichende Feuchtigkeit gesorgt werden.

Die Pflanzlöcher werden in doppelter Containergröße ausgehoben. Durch Torfgaben oder Spezialdünger (z. B. Aluminiumsulfat) werden die Voraussetzungen für eine optimale Kultur geschaffen. Bodenuntersuchungen sind nur von Zeit zu Zeit notwendig.

Mit einer Abdeckung von ca. 5-cm-Nadelholzsägespänen wird eine längerfristige Säuerung des Bodens erreicht. Dadurch wird auch der Unkrautbewuchs gehemmt und die Austrocknung des Bodens reduziert.

Pflegeschnitt

Ein spezieller Pflegeschnitt ist kaum erforderlich. Alle 3–4 Jahre sollte das alte Holz möglichst bodennah abgetrennt werden, um die Triebe vital zu halten.

Pflanzenschutz/Düngung

Für die Gartenheidelbeeren sind keine Pflanzenschutzmaßnahmen erforderlich. Eine Düngung mit mineralischem, chlorid- und kalkfreiem Dünger ist mit 50 g pro Quadratmeter jährlich im März völlig ausreichend.
Jeodch sollte mindestens alle 2 Jahre eine Bodenprobe gemacht werden, um den Säuregrad zu prüfen. Damit der pH-Wert konstant niedrig bleibt, jährlich 10 g pro Quadratmeter Aluminiumsulfat streuen und die gesamte Pflanzfläche ca. 5 cm dick mit Nadelholzsägespänen abdecken. Dadurch wird der pH-Wert gesenkt und der Unkrautwuchs reduziert.

2.1.8 Preiselbeeren

Preiselbeeren lassen sich im Garten sehr gut als Bodendecker verwenden. Der pH-Wert sollte ebenfalls zwischen 4 und 5 liegen. Bei den heute im Handel verfügbaren Sorten handelt es sich um gezielte Auslesen aus Wildvorkommen.

Die säuerlichen Früchte lassen sich sehr gut zu Kompott, Marmeladen und Kuchenbelägen verarbeiten. Darüber hinaus sind sie zum Einfrieren hervorragend geeignet.

Die Sorten tragen meist zweimal im Jahr, wobei die etwas schwächere Ernte im Juli, die Haupternte im Oktober stattfindet.

Empfehlenswerte Sorten	Frucht	Reifezeit
Erntesegen	mittelgroß/hellrot	Juli/Oktober
Koralle	sehr groß/hellrot	Juli/Oktober

Preiselbeeren lassen sich gut als Bodendecker im Garten verwenden.

Pflanzung
Die Sorten werden ausnahmslos in Töpfen angeboten und können fast ganzjährig gepflanzt werden. Der Boden muss gut gelockert und eventuell auf den erforderlichen pH-Wert gebracht werden. Ein Pflanzschnitt ist nicht erforderlich. Der Pflanzabstand sollte jeweils etwa 30 × 30 cm betragen.

Pflegeschnitt
Ein Pflegeschnitt ist generell nicht erforderlich. Da die Pflanzen etwas bruchempfindlich sind, müssen abgestorbene Triebe entfernt werden. Im Winter sollten die immergrünen Pflanzen mit einer Reisig-Eindeckung gegen starke Sonneneinstrahlung geschützt werden.

Pflanzenschutz/Düngung
Ein besonderer Pflanzenschutz ist nicht erforderlich. Die Düngung sollte wie bei den Heidelbeeren vorgenommen werden, wobei 25 g pro Quadratmeter im Jahr völlig ausreichen.

2.1.9 Großfrüchtige Moosbeeren (Cranberrys)

Großfrüchtige Moosbeeren sind anspruchslos und kommen mit einem humosen, lockeren Boden gut zurecht. Der pH-Wert sollte wie bei Preiselbeeren zwischen 4 und 5 liegen. Die Pflanzen eigenen sich gut als Bodendecker und vertragen feuchte Böden.

Die roten, leicht säuerlichen Früchte erreichen die Größe einer kleinen Stachelbeere. Ihre Erntezeit beginnt ab Anfang September. Die Früchte eigen sich zur Herstellung von Kompott, Marmeladen, als Beilage zu Fleisch- und Wildgerichten sowie zur Herstellung von Fruchtsäften.

Pflanzung
Die Pflanzen werden ausnahmslos in Töpfen geliefert, es sollten nur besonders lange Triebe bei der Pflanzung eingekürzt werden. Der Pflanzabstand beträgt ca. 35 x 35 cm.

Pflegeschnitt
Ein Pflegeschnitt ist generell nicht erforderlich, allerdings sollten die immergrünen Pflanzen im Winter mit einer Reisig-Eindeckung gegen starke Sonneneinstrahlung geschützt werden.

Großfrüchtige Moosbeeren reifen erst im Spätsommer.

Pflanzenschutz/Düngung
Moosbeeren sind unempfindlich gegen Krankheiten, es sind keine besonderen Maßnahmen erforderlich.

Im Frühjahr ist eine Düngergabe von 25 g pro Quadratmeter mit einem chlorid- und kalkfreien Volldünger ausreichend.

2.2 Andere Früchte und Nüsse

2.2.1 Schwarzer Holunder

Der Schwarze Holunder kommt überwiegend wild in der freien Natur vor. Durch Selektion und Auslese sind für den Hausgebrauch und erwerbsmäßigen Anbau großfrüchtige und besonders ertragreiche Sorten entstanden. Der Platzbedarf ist hoch, was schon bei der Planung berücksichtigt werden muss. Für jede ausgewachsene Pflanze werden 10 bis 15 Quadratmeter Platz benötigt.

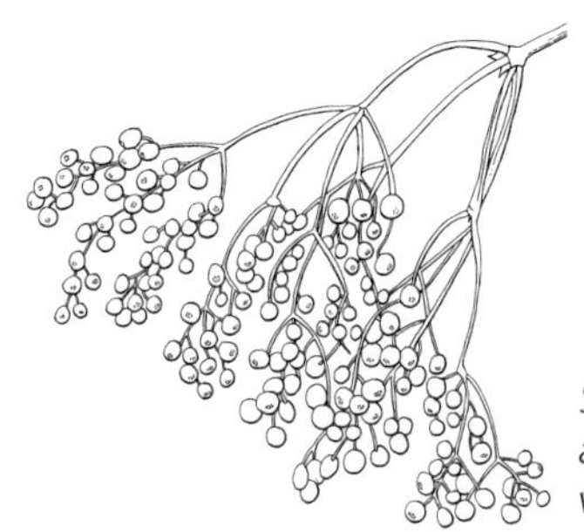

Schwarzer Holunder ist recht anspruchslos, braucht aber viel Platz.

Holunder kommt auf nährstoffreichen, feuchten Böden gut zurecht. Mit Erträgen kann oft schon im zweiten Standjahr gerechnet werden. Früchte dürfen nur im vollreifen Zustand geerntet werden. Unreife Beeren enthalten Sambunigrin, was zu Darmverstimmungen führen kann. Durch Kochen oder Entsaften mit dem Dampfentsafter können diese Stoffe aufgelöst werden.

Außerdem kann der Saft zu Gelee und Wein weiterverarbeitet werden.

Empfehlenswerte Sorten	Reifezeit
Hamburg	Ende September
Haschberg	Mitte September
Riese aus Vossloch	Anfang September
Sampo	Anfang September

Pflanzung

Die Sorten werden sowohl in Form wurzelnackter Sträucher als auch im Container angeboten. Bei allen Pflanzen werden die Triebe mit einem sauberen Schnitt um etwa 1/3 eingekürzt. Wurzelnackte Sträucher erhalten einen vorsichtigen Wurzelschnitt. Sie sind fleischig und lassen sich nicht so leicht einkürzen. Bei Containerpflanzen werden die Ringelwurzeln aufgetrennt. Das Wurzelwerk muss bei der Pflanzung gut mit Erde bedeckt sein.

Pflegeschnitt

Holunder trägt an den diesjährigen Kurztrieben, daher muss immer junges und wüchsiges Holz vorhanden sein. Abgetragene Fruchtruten werden nach der Ernte dicht an den Haupttrieben entfernt, um so immer junges und tragfähiges Holz nachzuziehen. Wenn die Pflanzen im Laufe der Jahre zu groß werden, sollten sie auf den Stock gesetzt werden. Nach 2 bis 3 Jahren haben sich die Pflanzen wieder neu aufgebaut.

Pflanzenschutz/Düngung

Pflanzenschutzmaßnahmen sind normalerweise nicht erforderlich. Durch eine zu geringe Bodenfeuchtigkeit kann es während der Blüte und beim Fruchtansatz zu Läusebefall kommen. Auf den Einsatz von Insektiziden sollte verzichtet werden. Oft erledigt sich ein etwaiger Befall durch Nützlinge wie Vögel, den heimischen Siebenpunkt-Marienkäfer als Larve und Käfer sowie den Blattlauslöwen. Der Siebenpunkt-Marienkäfer wird häufig mit dem asiatischen Marienkäfer verwechselt. Letzterer trägt bis zu 19 Punkte und hat sich in der Vergangenheit in einigen Gebieten zur Plage entwickelt. Er befällt unter anderem bereits geschädigte Früchte von Kirschen, Trauben, Pflaumen und Zwetschen.

Durch eine Regulierung des Wasserhaushalts kann der Läusebefall weitgehend verhindert werden. Im Extremfall müssen stark befallene Triebspitzen abgeschnitten werden. Holunder benötigt viel Stickstoff. Daher sollten etwa 60 g Stickstoff betonter Mehrnährstoffdünger pro Quadratmeter im März gestreut werden.

Als altes Hausmittel wird Holundersaft gegen Erkrankungen der Atemwege und als schweißtreibendes Mittel eingesetzt.

2.2.2 Tafeltrauben/Weinreben

Neben dem Nutzen der Frucht schmückt die schöne und intensive Herbstfärbung vieler Sorten jeden Hausgarten.

Durch Züchtung pilzresistenter Sorten hat sich diese über viele Jahre ertragreiche Frucht zu einer interessanten Kultur entwickelt. In geschützten Lagen gedeihen Reben selbst in norddeutschen Regionen ohne Probleme.

In den Hausgärten wird ebenfalls verstärkt Wert auf den Anbau von Tafeltrauben gelegt. Ziel des Anbaus sind große, saftreiche Beeren mit wenig Kernen und einer dünnen Schale. Die Trauben müssen möglichst früh und gleichmäßig reifen und auch an klimatisch ungünstigen Standorten zurechtkommen.

Da sie selbstfruchtbar sind, müssen keine weiteren Sorten gepflanzt werden.

Die Beeren der großfrüchtigen Tafeltrauben dienen dem Frischverzehr, werden zu Gelee und Marmelade oder als Kuchenbelag verwendet. Sorten mit kleineren Früchten dienen der Herstellung von Saft und Wein.

Sorten	Beere	Kerne	Reifezeit	Resistenz gegen Pilze
Arkadia ®	oval/gelb	kernarm	Anfang September	gut
Blaue Datteltraube ®	oval/blau	mit Kernen	Mitte September	gut
Blauer Portugieser	rund/ dunkelblau	mit Kernen	Anfang September	gering
Centennial seedless	oval/grün	kernlos	Anfang September	ausreichend
Einset seedles	oval/rot	kernlos	Mitte September	sehr gut
Jana	oval/gelb	kernlos	Anfang September	gut
Lilla Ⓢ	rund/gelb	mit Kernen	Anfang September	gut
Muscat bleu	oval/blau	mit Kernen	Anfang September	sehr gut
Romulus	rund/gelb	kernlos	Anfang September	gut
Triomphe d'Alsace	rund/blau	mit Kernen	Anfang September	sehr gut
Venus	rund/blau	kernlos	Anfang September	sehr gut
Vineland	rund/rosé	kernarm	Mitte September	sehr gut

Diese Sorten gedeihen an durchschnittlichen Standorten. Darüber hinaus existieren viele regionalspezifische Sorten, auf die hier nicht eingegangen werden kann.

Pflanzung

Um eine optimale Sonneneinstrahlung zu erhalten, sollte die Pflanzung in südlicher Richtung erfolgen.

Veredelte, also gepfropfte Sorten sind vorzuziehen, da sie resistenter gegen Schadorganismen sind. Für eine lange Lebensdauer der Rebpflanzen ist eine optimale Vorbereitung der Pflanzflächen wichtig. Der Untergrund muss durchlässig sein. Da keine Staunässe entstehen darf, ist eine Drainageschicht aus grobem Kies oder Tonscherben anzulegen. Vor der Pflanzung werden Spaliere oder sonstige Anbindevorrichtungungen an den Hauswänden angebracht. Der Abstand zu der Wand muss 15 bis 20 cm betragen, damit eine ausreichende Luftzirkulation gewährleistet ist.

Die Reben werden überwiegend in Töpfen geliefert. Nach dem Kauf werden die Topfballen in Wasser getaucht. Der Wurzelballen wird etwa 30 cm von der Wand schräg in das Pflanzloch gesetzt. Dabei darf das aufgepfropfte Reis nicht mit in die Erde gelangen. Es darf später keine eigenen Wurzeln ausbilden, da sonst die Eigenarten der Edelsorte verloren gehen. Der Wurzelbereich wird mit reifem Kompost verfüllt und gut angedrückt, während der Bereich darüber mit durchlässigem, organischem Material aufgefüllt wird. Den Abschluss bildet eine dünne Schicht aus Stallmist oder sonstigem Mulchmaterial.

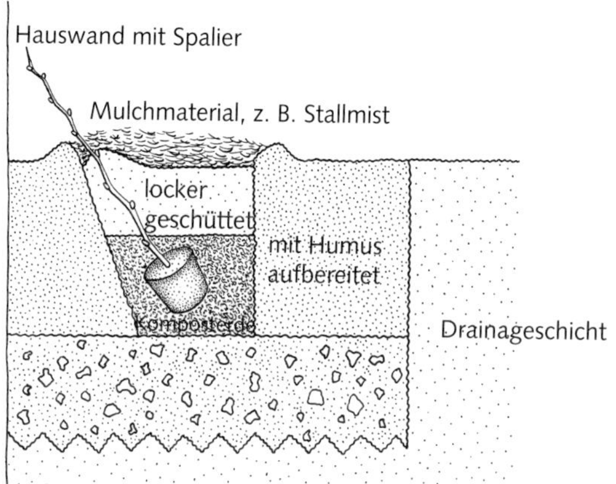

Tafeltrauben verlangen einen sonnigen und luftigen Standort.

Pflegeschnitt

Bei der Kultur von Trauben muss man sich im Vorfeld entscheiden, in welchen Formen man die Pflanzen heranziehen möchte. Überwiegend werden Spaliere mit einem oder mehreren waagerechten Ästen bevorzugt. Auch u-förmige Anordnungen sind gängig. Die Methoden hängen dabei stets vom Platzbedarf ab. Die weichen Triebe lassen sich entsprechend leicht anordnen.

Zunächst wird ein Haupttrieb hochgezogen, während die Seitentriebe entsprechend geleitet und mit dehnbarem Material angebunden werden. Überschüssige Ranken werden im Sommer unmittelbar am Leittrieb entfernt.

Bei vollständig entwickelten Pflanzen wird das einjährige Holz auf 2 bis 4 Augen zurückgeschnitten. Hier bilden sich die Blüten für das jeweilige Jahr.

Zur besseren Belichtung der Früchte werden lange Triebe, die nicht zur Weiterentwicklung der Pflanze erforderlich sind, ausgebrochen oder unmittelbar am Haupttrieb mit der Schere abgetrennt. Ab Mitte Juni werden alle aus der Basis entstehenden Wassertriebe direkt an der Basis abgetrennt, da sie nicht fruchten. Bei allen Schnittmaßnahmen ist auf eine ausgewogene Verteilung der Fruchttriebe zu achten.

Trauben werden überwiegend an Hauswände gepflanzt, wobei stets ein möglichst sonniger Standort ausgewählt werden sollte.

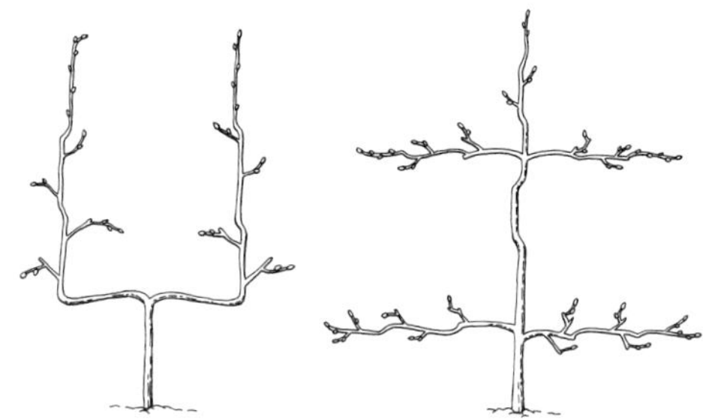

Tafeltrauben können leicht in verschiedene Formen geleitet werden.

Pflanzenschutz/Düngung

Ältere Traubensorten sind leider oft nicht frei von Erkrankungen. Daher ist es sinnvoll, möglichst resistente Sorten auszuwählen. Echter Mehltau kann bei empfindlichen Sorten durch feucht-warme Witterung entstehen, wobei die grünen Pflanzenteile von einem weißen Belag überzogen werden. Ferner kann falscher Mehltau auftreten. Der Pilz überzieht die Blattunterseiten und die Früchte mit einem Pilzgeflecht. Beide Erkrankungen können bei empfindlichen Sorten rechtzeitig mit zugelassenen Mitteln vorbeugend behandelt werden.

Gegen Vogelfraß und Wespenbefall helfen rechtzeitig angebrachte, engmaschige Schutznetze. Staunässe und Trockenheit verträgt die Rebe ebenfalls nicht. Daher ist bei der Pflanzung für gute Entwässerung zu sorgen, wohingegen bei extremer Trockenheit rechtzeitig und ausreichend gewässert werden muss.

Zu Beginn der Wachstumsperiode sollten pro Quadratmeter 30 g Mehrnährstoffdünger zugegeben werden.

2.2.3 Haselnüsse

Die zu den Schalenfrüchten zählenden Haselnüsse kommen als Wildsträucher häufig in der freien Natur vor. Die Früchte sind in der Regel ziemlich klein.

Großfrüchtige Haselnüsse werden in vielen interessanten Sorten angeboten.

Haselnüsse haben recht hohe Standortanforderungen. Sie verlangen einen tiefgründigen, nicht zu feuchten Boden, da sich Staunässe nachteilig auf das Wachstum auswirkt. Der pH-Wert sollte zwischen 5 und 6 liegen.

Die Pflanzen sind einhäusig getrennt geschlechtlich, das heißt, dass die kleinen rötlichen weiblichen Blüten und die männlichen gelben Kätzchen getrennt auf einer Pflanze vorhanden sind. Frostgefährdete Lagen sollten nicht bepflanzt werden, da die weiblichen Blüten durch Frost leicht Schaden nehmen können.Durch Züchtung und Auslese sind einige für den Anbau geeignete, großfrüchtige Sorten entstanden.

Da die Früchte nicht alle gleichmäßig reifen, sollten die Sträucher mehrfach geschüttelt werden. Nur tatsächlich reife Nüsse lassen sich erfolgreich lagern. Bei nicht ausgereiften Früchten schrumpft der Kern. Der Aufbewahrungsort sollte luftig, trocken und sicher vor Mäusen sein.

Empfehlenswerte Sorten	Frucht	Reifezeit
Cosford	lang/2 bis 5 Nüsse	ab Mitte September
Halle'sche Riesennuss	rund/2 bis4 Nüsse	ab Mitte September
Nottinghams Fruchtbare	lang/4 bis 7 Nüsse	ab Mitte September
Rotblättrige Zellernuss	lang/2 bis 7 Nüsse	ab Mitte September
Webbs Preisnuss	lang/2 bis 4 Nüsse	ab Mitte September
Wunder aus Bollweiler	lang/2 bis 4 Nüsse	ab Mitte September

Pflanzung

Großfrüchtige Hasel stammen aus vegetativer Vermehrung, werden meist wurzelnackt angeboten und haben wenig Wurzelwerk, das nur behutsam eingekürzt werden darf. Die Pflanzen haben meist 3–4 Triebe, die etwa um 1/3 bei der Pflanzung eingekürzt werden. Weil sich die Sträucher später kräftig entwickeln, sollte der Abstand etwa 3 m in der Reihe und von Reihe zu Reihe 5–6 m betragen. Ein guter Ertrag setzt etwa nach dem dritten Standjahr ein.

Pflegeschnitt

Da nur gut durchlüftete und belichtete Pflanzen einen optimalen Ertrag bringen, sollten die Sträucher locker gehalten werden. Daher muss abgetragenes Holz alle 2–3 Jahre in Bodennähe entfernt werden. Ein gut entwickelter Strauch darf zwischen 6 und 10 Grundtriebe haben.

Sollten sich die Pflanzen im Laufe der Jahre zu stark entwickeln, können sie bis auf den Stock zurückgesetzt werden, wobei alle Triebe direkt über dem Boden abgesägt werden.

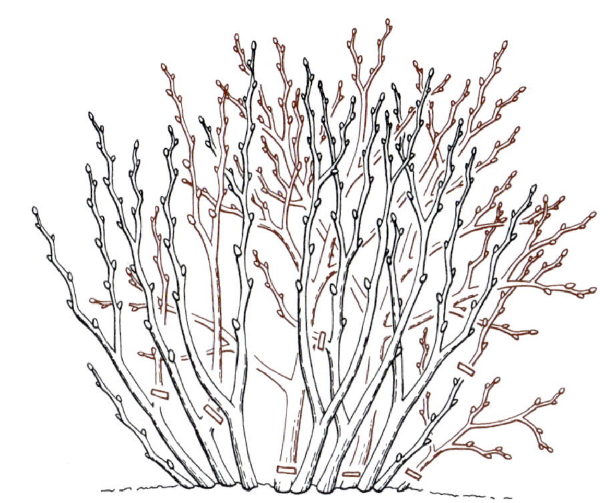

Ältere Triebe werden alle 2 bis 3 Jahre bodennah entfernt.

Pflanzenschutz/Düngung

Gelegentlich kann es an Haselnüssen zum Befall durch Knospengallmilben kommen. Die Winterknospen schwellen im Frühjahr stark an und treiben nicht aus. Die befallenen Triebe müssen herausgeschnitten und verbrannt werden. Eine Winterspritzung mit einem ölhaltigen Mittel kann vorbeugend durchgeführt werden.

Zu Beginn der Wachstumsperiode reicht eine Düngung mit einem Mehrnährstoffdünger mit 30 g pro Quadratmeter für das Kulturjahr aus.

2.2.4 Walnüsse

Walnüsse zählen ebenfalls zu den Schalenfrüchten. Dieses Fruchtgehölz wächst baumartig und benötigt in ausgewachsenem Zustand etwa 100 m² Platz. Der Platzbedarf ist bei der Pflanzung unbedingt zu berücksichtigen. Aus Samen gezogene Pflanzen variieren stark und liefern erst nach etwa 10–15 Jahren den ersten Ertrag. Daher ist es ratsam, bereits veredelte Pflanzen zu verwenden. Diese beginnen schon nach etwa 5 Jahren mit dem Fruchtansatz. Zudem sind die Früchte gleichmäßiger und größer.

Veredelte Sorten wachsen außerdem nicht ganz so kräftig und kommen mit weniger Platz aus.

In jedem Fall sollten vor Spätfrost geschützte Standorte ausgesucht werden, da die Blüte ansonsten leiden könnte. Walnüsse sind selbstfruchtbar und benötigen keine weiteren Sorten in der Nachbarschaft.

Empfehlenswerte Sorten	Frucht	Reifezeit
Esterhazy II	rund/Schale dünn	ab Ende September
Klon 26	eiförmig/Schale dick	Anfang Oktober
Klon 139	oval/Schale dünn	Mitte September
Mayette	eiförmig/Schale dick	Anfang Oktober
Weinsberg I	länglich/Schale dünn	Ende September
Walnüsse aus Samen	lang bis rund/Schale dick	Mitte September

Wenn die Früchte reif sind, platzen die fleischigen Hüllen ab und die Nüsse fallen heraus. Nach dem Aufsammeln müssen die Reste der Fruchthüllen durch Reinigen mit einer groben Bürste und Wasser entfernt werden. Anschließend werden die Nüsse in dünnen Schichten an der Luft getrocknet. In luftigen Netzen aufbewahrt, sind die Nüsse mindestens 1 Jahr lagerfähig.

Pflanzung

Walnüsse benötigen einen tiefgründigen, nährstoffreichen und mäßig feuchten Boden. Staunässe verträgt diese Pflanzengattung nicht. Sie werden sowohl als wurzelnackte Pflanzen als auch im Container angeboten. Da sie als wurzelnackte Pflanzen relativ wenige Wurzeln haben, dürfen diese keinesfalls geschnitten werden . Die oberirdischen Triebe sind meist nur schwach ausgeprägt und machen ebenfalls keinen Schnitt erforderlich. Besonders bei Hochstämmen sind in den ersten Jahren Stützpfähle zur Stabilisierung notwendig.

Pflegeschnitt

Bei Walnussbäumen ist kaum Pflegeschnitt erforderlich. Die Kronen entwickeln sich meist eigenständig, wobei 4–5 Leitäste vorhanden sein sollten. Falls sie zu dicht stehen, müssen die Äste rechtzeitig entfernt werden. Die Entscheidung, welche Äste ausgelichtet werden, muss rechtzeitig erfolgen. In jedem Fall muss sorgfältig auf Astring geschnitten werden, da Aststummel eintrocknen, nicht überwallen und langfristig nicht zu reparierende Faulstellen bilden. Grundsätzlich sollten zu entfernende Äste nicht stärker als 5 cm im Durchmesser sein.

Die Schnittmaßnahmen müssen zwischen Ende Oktober und Mitte Dezember erfolgen, da der Saftstrom sehr früh einsetzt und die Pflanzen ansonsten "bluten".

Die Wunden müssen in jedem Fall mit einem Wundverschlussmittel mit pilzbekämpfender Wirkung verstrichen werden.

Pflanzenschutz/Düngung

Walnüsse neigen bei optimalen Standortbedingungen nicht zu Erkrankungen. Es wird den Pflanzen sogar die Wirkung nachgesagt, Insekten fernzuhalten.

Damit eine optimale Entwicklung der Pflanzen und Früchte erfolgt, ist eine jährliche Düngung im März von 30 bis 40 g pro Quadratmeter mit einem Mehrnährstoffdünger erforderlich.

Seit einigen Jahren ist bei Walnussgewächsen zu beobachten, dass sich ab Anfang September die grünen Fruchthüllen häufig in einen schwarzen und schleimigen Belag verwandeln. Dieser lässt sich meist nicht von den Nüssen entfernen. Sie sehen unappetitlich aus, sind getrocknet aber trotzdem genießbar.

An Walnüssen müssen rechtzeitig überzählige Triebe entfernt werden.

Verursacht wird das Schadbild durch die **Walnussfruchtfliege**, die etwa seit dem Jahr 2000 aus den USA eingeschleppt wurde und sich von Süddeutschland bis in den Norden ausgebreitet hat. Das Insekt hat die Größe einer Stubenfliege und eine gelbliche Körperfarbe mit braunen Bändern. Die Flügel sind durchsichtig und mit schwarzen Streifen versehen.

Das Weibchen legt ab Juli ihre Eier in die unreife Fruchtschale. Nach wenigen Tagen schlüpfen die Maden, die einige Wochen in der Fruchtschale verbleiben und diese zerfressen. Nach einiger Zeit verlassen die Maden die Fruchtschale, lassen sich auf den Boden fallen, wo sie sich eingraben und dann verpuppen. Ab Juli des Folgejahres kommen sie als Fliegen aus dem Boden und beginnen mit der erneuten Schädigung.

Die Bekämpfung der Insekten ist schwierig, es gibt keine zugelassenen Insektizide. Gelbtafeln sind eine Möglichkeit, um die Fruchtfliegen zu fangen, aber der Beifang von Nützlingen ist sehr groß. Ab Anfang Juni kann man den gesamten Kronenbereich des Baums mit einem Vlies abdecken, um das Ausfliegen der Insekten zu verhindern. Die Abdeckung sollte bis nach dem Fruchtfall liegen bleiben, damit das Eindringen der Maden in den Boden verhindert wird. Befallene Nüsse und die Fruchthüllen sollten in jedem Fall verbrannt werden, um die Ausbreitung der Schadinsekten einzudämmen.

Die Schädigungen der Ernte kann zwischenzeitlich bis zu 50% betragen. Es helfen momentan nur Vorsorgemaßnahmen, um den Befall einzudämmen.

2.2.5 Kiwis

Kiwis gehören zu den schlingenden, Laub abwerfenden Pflanzen. Das Gehölz benötigt ähnlich wie Weinreben eine Kletterhilfe. Mildes Weinbauklima oder ein sonniger, geschützter Innenhof sind für eine erfolgreiche Kultur erforderlich. Allerdings müssen die Früchte vor zu intensiver Sonneneinstrahlung geschützt sein, da sie sonst leicht einen Sonnenbrand bekommen.

Die Pflanzen sind im Jugendstadium etwas frostgefährdet. Die Pflanzscheibe sollte daher mit verrottetem Stallmist abgedeckt und die Triebe mit Fichtenreisig gegen Sonneneinstrahlung geschützt werden. Da die Blüten sehr spät austreiben, besteht für diese kaum Spätfrostgefahr.

Empfehlenswerte Sorten	Frucht	Befruchtersorten	Reifezeit
Bruno weiblich	lang/oval	Atlas, Tomuri, Matua	ab Oktober
Hayward weiblich	rund/oval	Atlas, Tomuri, Matua	ab Oktober
Issai	oval/kleinfrüchtig	selbstfruchtend	ab Mitte September
Weiki weiblich	rund/oval	Atlas, Tomuri, Matua	ab Oktober
Yennie	oval	selbstfruchtend	ab Oktober

Pflanzung

Kiwis benötigen einen tiefgründigen, humosen Boden mit einem pH-Wert von etwa 5,5. Ein feuchter, durchlässiger Standort ohne Staunässe ist eine notwendige Voraussetzung.

Die Pflanzen werden ausschließlich in Töpfen geliefert. Da sie meistens nur 2 Triebe haben, ist kein besonderer Pflanzschnitt notwendig. In den ersten Jahren müssen die Ranken gleichmäßig an den Kletterhilfen verteilt werden. Die Triebe werden mit einem dehnbaren Material angeheftet. Der Ertrag setzt nach etwa 3–4 Jahren ein, wobei die Fruchtreife ab Mitte September beginnt. Die reifen Früchte dienen zum Frischverzehr, als Marmelade und Kuchenbelag.

Kiwis sind überwiegend zweihäusig, das heißt es existieren weibliche und männliche Pflanzen. Bei der Pflanzung reicht eine männliche Pflanze für bis zu acht weibliche Pflanzen aus.

Pflegeschnitt

Erst wenn die Pflanzen nach einigen Jahren ein kräftiges Gerüst gebildet haben, wird mit dem eigentlichen Schnitt begonnen. Die aus den Gerüsttrieben entspringenden Seitentriebe werden auf etwa 4 Blätter oberhalb der Früchte im Sommer eingekürzt.

In gut geführten Fachgartencentern, Gartenbaumschulen oder im entsprechenden Versandhandel werden Kiwis angeboten, wo sich eine weibliche und eine männliche Pflanze im Pflanzgefäß befinden.

Der Sommerschnitt ist bei Kiwis sehr wichtig.

Pflanzenschutz/Düngung
Pflanzenschutzmaßnahmen sind grundsätzlich nicht erforderlich. Im März reicht eine Düngung von 30 g pro Quadratmeter mit einem Mehrnährstoffdünger aus.

2.2.6 Mandeln

Die Mandel gehört zum Schalenobst, obwohl sie mit dem Pfirsich verwandt ist. Diese Frucht gedeiht nur im Weinbauklima oder an besonders geschützten Standorten. Da die Blüte sehr früh einsetzt, ist sie besonders der Gefahr von Spätfrösten ausgesetzt.

Die reichhaltigen zartrosa Blüten sind sehr dekorativ; Zweige können gut angetrieben werden.

Die Früchte sind länglich bis oval und von einer fleischigen Hülle umgeben. Bei der Auswahl der Sorten sollten Süßmandeln bevorzugt werden, da Bittermandeln wegen des hohen Blausäuregehalts ungenießbar sind.

Mandeln benötigen Weinbauklima.

Zum Frischverzehr, zur Marzipanherstellung und in der Kosmetik finden Süßmandeln Verwendung.

Die echte Mandel benötigt zwingend Fremdbefruchter, das heißt es müssen mehrere Sorten gepflanzt werden. Wenn Pfirsiche in der Nähe stehen, reichen deren Pollen meist aus.

Empfehlenswerte Sorten	Frucht	Reifezeit
Dürkheimer Krachmandel	groß/würzig süß	Ende September
Perle der Weinstraße	mittelgroß/süß	Anfang Oktober

Pflanzung
Mandeln sollten möglichst nur im späten Frühjahr als Container gepflanzt werden, da eine gewisse Frostgefahr besteht. Der Standort sollte tiefgründig und nährstoffreich sein. Staunässe vertragen die Mandeln nicht, wobei Trockenheit grundsätzlich kein Problem darstellt.

Bei jungen Pflanzen ist kaum Pflanzschnitt erforderlich. Lediglich beschädigte und zu dicht stehende Triebe müssen entfernt werden.

Pflegeschnitt
Ein erforderlicher Pflegeschnitt wird wie bei Pfirsichen durchgeführt (s. S. 41).

Pflanzenschutz/Düngung
Probleme mit Erkrankungen treten normalerweise nicht auf. Bei größerer Anbaudichte kann im Verbund mit Pfirsichen gelegentlich die Kräuselkrankheit auftreten. Bei einem hohen Befallsdruck sollten die Pflanzen während des Blattfalls und bei Neuaustrieb im Frühjahr mit kupferhaltigen Mitteln behandelt werden.

Wie bei den meisten Gehölzen benötigen auch Mandeln eine einmalige Düngergabe von 30 g pro Quadratmeter mit einem Mehrnährstoffdünger im März.

2.2.7 Feigen

Eigentlich gehören Feigen zu den Fruchtgehölzen, die im Mittelmeerraum beheimatet sind. Durch Züchtung und Selektion sind Typen entstanden, die auch in norddeutschen Klimaten gut zurechtkommen. Geschützte Standorte sind von Vorteil, Fröste bis minus 15 Grad werden dennoch verkraftet. In wärmeren Gebieten reicht ein Wurzelschutz mit Kompost oder Stallmist aus, während in nördlichen Bereichen eine Kultur in Kübeln vorteilhaft ist, die im Winter in frostfreien Bereichen aufbewahrt werden können. Die im Spätsommer angesetzten Früchte reifen dann im Frühjahr aus.

Während der Wachstumszeit bilden sich immer wieder neue Blüten und Früchte, wodurch keine einheitliche Ausreife der Früchte entsteht.

Empfehlenswerte Sorten	Frucht	Reifezeit
Bayernfeige Violetta	violettblau	ab Ende August
Brown Turkey	violettblau	ab Ende August
Große Julifeige	violettblau	ab Ende August

Pflanzung

An geschützten Standorten werden die im Container herangezogenen Pflanzen im Frühjahr direkt in den Boden gesetzt. Ein Pflanzschnitt ist nicht erforderlich. Das Pflanzloch wird entsprechend groß ausgehoben und die Aushuberde mit reifem Kompost oder abgelagertem Stallmist vermischt. Bei Pflanzen in Kübeln sollte das Erdvolumen so groß sein, dass es für ca. 3 Jahre ausreicht. Danach müssen die Pflanzen umgetopft werden.

Pflegeschnitt

Pflegeschnittmaßnahmen sind kaum erforderlich. Gelegentlich müssen überalterte Triebe ausgelichtet werden, damit junges Fruchtholz nachwächst.

Bei Feigen ist ein Pflanzschnitt nicht erforderlich.

Pflanzenschutz/Düngung

Feigen sind resistent gegen Schädlinge, daher müssen keine Schutzmaßnahmen durchgeführt werden.

Zur Pflanzenernährung im Freiland sollten etwa 30 g Mehrnährstoffdünger pro Quadratmeter leicht eingearbeitet werden.

In Gefäßen gezogene Pflanzen müssen besonders sorgfältig mit Nährstoffen versorgt werden.

Pro Liter Erdinhalt sind 3 g eines Langzeitdüngers notwendig, der gleichmäßig auf dem Topf verteilt wird. Es ist ratsam, den Dünger leicht mit Erde zu bedecken, damit er nicht austrocknet.

2.3 Wildobst

Wildobst kommt häufig in der freien Natur vor und kann dort geerntet werden. Allerdings sind die Erträge an den Naturstandorten recht unterschiedlich, da die Pflanzen häufig keine Pflege genießen und relativ schnell vergreisen.

Ist ausreichend Platz vorhanden, lassen sich viele Wildobstarten in Form einer Hecke sehr gut zu einem attraktiven und nützlichen Sortiment kombinieren.

2.3.1 Apfelbeeren (*Aronia melanocarpa*)

Da die Apfelbeere viele Ausläufer hervorbringt, ist eine natürliche Verjüngung gewährleistet.

Die Schwarze Apfelbeere ist anspruchslos, wächst strauchartig und wird etwa 1 m hoch.

Im Mai bildet sie zahlreiche weiße Blüten in Dolden aus. Die Fruchtreife beginnt Anfang August. Die schwarzen, apfelähnlichen Beeren müssen dann unverzüglich geerntet und verarbeitet werden, da sie leicht abfallen oder von Vögeln gefressen werden. Der Saft wird als Färbemittel für Lebensmittel verwendet und zu Gelee, Wein und Likör weiterverarbeitet.

Die Sträucher ziert eine wunderschöne gelbe bis rote Herbstfärbung.

Empfehlenswerte Sorten	Frucht	Reifezeit
Hugin	schwarz/rund	ab Anfang August
Nero	schwarz/eiförmig	ab Anfang August
Viking	schwarz/länglich	ab Anfang August

Pflanzung

Apfelbeeren werden als wurzelnackte Sträucher und im Container geliefert. Bei Pflanzen ohne Ballen müssen die Triebe um etwa 1/3 eingekürzt werden. Bei Containerpflanzen werden die Zweige gleich behandelt, verfilzte Wurzeln in den Ballen müssen aufgetrennt werden. Notwendig ist ein Pflanzabstand von 1 x 1 m.

Pflegeschnitt

Ein spezieller Pflegeschnitt ist kaum erforderlich. Von Zeit zu Zeit müssen überalterte Triebe bodennah entfernt werden.

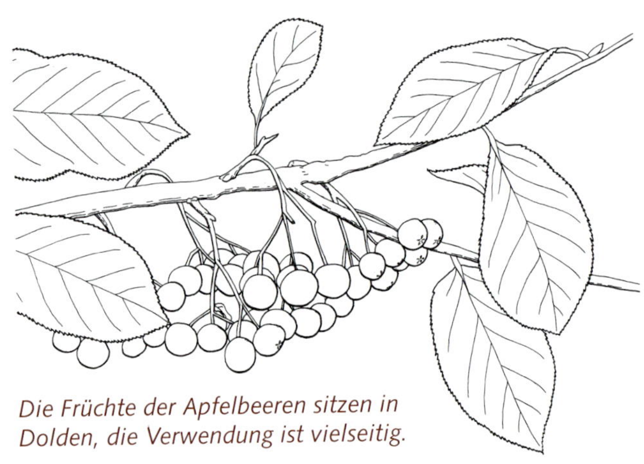

Die Früchte der Apfelbeeren sitzen in Dolden, die Verwendung ist vielseitig.

Pflanzenschutz/Düngung

Die Sorten benötigen keinen Pflanzenschutz, da sie zu den resistentesten Fruchtgehölzen zählen.

Eine ausreichende Nährstoffversorgung wird durch 40 g Mehrnährstoffdünger pro Quadratmeter im März oder April sichergestellt.

2.3.2 Kornelkirschen (*Cornus mas*)

Zu den wertvollen Wildfrüchten gehört die Kornelkirsche. Die gelben Blüten erscheinen bei milder Witterung schon ab Februar und halten bis zum April. Für Bienen und andere Insekten ist diese Art eine wichtige Trachtpflanze. Die Standortanforderungen sind nicht sehr hoch.

Die aus Samen gezogene Urform bildet eine Vielzahl rote, bis zu 2 cm große Steinfrüchte aus. In jüngster Zeit wurden einige großfrüchtige Sorten mit einem besseren Ertrag selektiert.

Kornelkirschen benötigen wenig Pflegeschnitt, die frühe Blüte dient als Bienenweide.

Kornelkirschen haben einen hohen Vitamin C-Gehalt. Die Früchte lassen sich zu Kompott, Marmelade, Gelee und Säften weiterverarbeiten.

Empfehlenswerte Sorten	Frucht	Reifezeit
Jolico	bis 3 cm lang	Ende August
Schönbrunner Gourmet Dirndl	bis 3 cm lang	Ende August
aus Samen gezogene Stammform	bis 2 cm lang	Ende August

Pflanzung

Kornelkirschen werden überwiegend im Container geliefert. Verfilzte Wurzeln müssen aufgetrennt werden. Bei wurzelnackten Pflanzen werden die kräftigen Faserwurzeln um die Hälfte eingekürzt, die Triebe schneidet man bei beiden Lieferformen pyramidal um etwa 1/3 zurück. Das Pflanzloch sollte in doppelter Größe des Wurzelwerks ausgehoben werden. Dabei sollte auch der Untergrund tief aufgelockert werden, um einen optimalen Wasserabfluss zu gewährleisten.

Außerdem sollten die Wurzeln einige Stunden vor der Pflanzung ins Wasser gestellt werden, um das bei Kornelkirschen oft problematische Anwachsen zu erleichtern.

Die Kornelkirsche kommt auf fast allen Böden zurecht, wobei der pH-Wert nicht unter 5,5 liegen sollte. Außerdem vertragen die Pflanzen keine Staunässe.

Pflegeschnitt

Sind die Pflanzen erst einmal angewachsen, benötigen sie kaum Pflege. Nach 8–10 Jahren sollten überalterte Triebe bodennah herausgeschnitten werden. Da die Triebe sehr hart sind, ist der Einsatz eine Schwertsäge zu empfehlen.

Da Kornelkirschen sehr schnittverträglich sind, lassen sie sich auch als Hecke mit einem geringeren Fruchtertrag kultivieren.

Pflanzenschutz/Düngung

Aufgrund ihrer Robustheit bedarf die Kornelkirsche keinerlei Pflanzenschutzmaßnahmen. Mit einer jährlichen Nährstoffgabe von 20 bis 30 g Volldünger pro Quadratmeter kommen die Pflanzen aus.

2.3.3 Mährische Ebereschen/Vogelbeeren
(Sorbus aucuparia `Edulis´)

Die als Mutation um das Jahr 1800 in Mähren gefundene Sorte ist großfrüchtiger und süßer als die Urform. Als baumartig wachsendes Gehölz eignet sich diese Art zum Anbau in einem Pflanzstreifen mit Fruchtgehölzen.

Der Vitamin C-Gehalt der Früchte ist sehr hoch, die daher auch zur Herstellung von Säften, Marmeladen, Gelees und Kompott Verwendung finden.

Im September erreichen die Früchte ihre volle Reife. Die Dolden müssen möglichst am Fruchtstiel abgeschnitten werden, um die Blütenknospen des Folgejahrs nicht zu beschädigen.

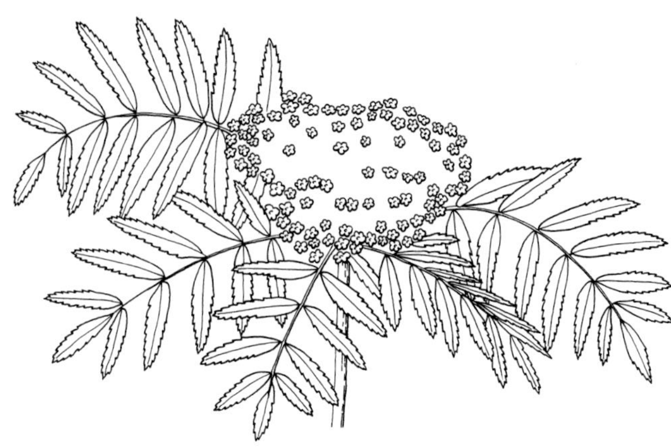

Die besonders großen Früchte der Mährischen Eberesche haben einen hohen Vitamin-C-Gehalt. Die Pflanzen sind pflegeleicht.

Eine Bodenlockerung sollte bei Mährischen Ebereschen nicht erfolgen, da der Wurzelbereich der Pflanzen sehr empfindlich ist.

Pflanzung

Die Bodenansprüche sind besonders ausgeprägt. Die Gattung gedeiht noch in einer Höhenlage von 800 m, wobei tiefere Lagen günstiger sind. Der Boden sollte humos und mäßig feucht sein.

Beim Pflanzschnitt werden die Wurzeln leicht eingekürzt, die Triebe müssen hingegen nicht geschnitten werden. Da die Art aufrecht wächst, sollte ein Stützpfahl verwendet werden.

Pflegeschnitt

Nachdem sich ein gutes Traggerüst entwickelt hat, werden alle 2–3 Jahre vergreiste Äste herausgeschnitten, da nur junges und vitales Holz Ertrag bringt. Sollte der Fruchtansatz zu groß sein, um gut entwickelte Fruchtstände zu erhalten, können überzählige Fruchtansätze frühzeitig entfernt werden.

Pflanzenschutz/Düngung

An Ebereschen treten kaum Schädlinge auf, wodurch keine besonderen Maßnahmen erforderlich sind. Als genügsame Pflanzen müssen sie ebenfalls kaum gedüngt werden. Eine Zugabe von 30 g Mehrnährstoffdünger pro Quadratmeter alle 2 bis 3 Jahre genügt.

2.3.4 Speierlinge (*Sorbus domestica*)

Der ebenfalls baumartig wachsende Speierling ist auf wärmere Klimagebiete angewiesen. Er gedeiht vor allem auf lehmigen, durchlässigen und mit Kies durchsetzten Böden.

Im September sind die Früchte reif. Die kleinen, bis 3 cm großen, rundlich bis birnenförmigen Früchte sind essbar. Sie eignen sich besonders zur Herstellung von Wein, Most oder Obstbränden.

Darüber hinaus dienen sie vielen Wildtieren als Nahrung.

Pflanzung

Die Pflanzen werden ausschließlich in Töpfen oder Containern verkauft. Da sie nur langsam wachsen, benötigen sie keinen direkten Pflanzschnitt. Allerdings sollte der Wuchs junger Exemplare mit einem Pfahl unterstützt und die Pflanzen gegen Wildverbiss geschützt werden.

Auf sauren und zu nassen Böden gedeiht der Speierling nicht, sondern entwickelt oftmals Obstbaumkrebs.

Pflegeschnitt

Es sind keine regelmäßigen Pflegeschnittmaßnahmen durchzuführen. Lediglich die vergreisten Äste sollten alle 2–3 Jahre ausgelichtet werden.

Pflanzenschutz/Düngung

Neben der Gewährleistung optimaler Bodenverhältnisse müssen keine speziellen Maßnahmen ergriffen werden, da der

Speierling kaum von Schädlingen befallen wird. Um den Nährstoffgehalt im Boden aufrecht zu erhalten, sollten im März 30 g Mehrnährstoffdünger pro Quadratmeter verabreicht werden.

Der Speierling gedeiht besonders gut in milden Gegenden.

2.3.5 Schlehen, Schwarzdorn (*Prunus spinosa*)

Ein allseits beliebtes Wildobst ist die Schlehe, die in vielen Gegenden vorkommt. Das robuste Gehölz gedeiht fast überall.

Schlehen lassen sich sehr gut in eine Wildobsthecke integrieren und stellen keine besonderen Ansprüche an den Boden. Durch die starken Dornen sind Schlehen gleichzeitig ein hervorragendes Vogelschutzgehölz. Die im März bis April ausgebildeten Blüten locken viele Insekten an. Die kugelige Frucht reift ab Mitte September. Bevor die Früchte geerntet werden, sollten sie Frost bekommen, da sie aufgrund des hohen Fruchtsäuregehalts ansonsten kaum genießbar sind. Mit einem kleinen Kunstgriff kann man die Natur überlisten, in dem man die vor dem Frost geernteten Früchte für einige Tage in die Tiefkühltruhe legt.

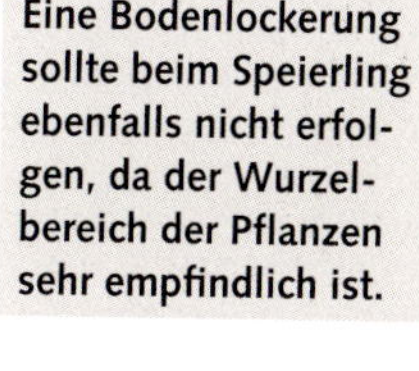

Eine Bodenlockerung sollte beim Speierling ebenfalls nicht erfolgen, da der Wurzelbereich der Pflanzen sehr empfindlich ist.

Die Schlehe ist eine beliebte Wildfrucht, der Pflegeaufwand der Pflanzen ist gering.

Schlehen werden zu Likör, Saft, Gelee und Marmelade verarbeitet. Da der Saft einen recht intensiven Geschmack hat, lässt er sich bei der Verarbeitung gut mit milderen Säften mischen.

Pflanzung

Die Pflanzen werden überwiegend wurzelnackt angeboten. Da Schlehen wenig Faserwurzeln haben, ist eine besonders sorgfältige Pflanzung notwendig , allerdings werden Schlehen auch neuerdings häufig im Container angeboten., Die Wurzeln werden nur ganz vorsichtig geschnitten, die Triebe bis zur Hälfte eingekürzt; die Pflanze vor der Pflanzung einige Stunden ins Wasser gestellt. Das Pflanzloch sollte entsprechend groß ausgehoben und die Erde eventuell mit reifem Kompost durchmischt werden. Mineralische Dünger dürfen keinesfalls eingesetzt werden, da es sonst zu Wurzelverbrennungen kommt. Das Pflanzloch wird schichtweise verfüllt und gut angetreten. Die optimale Pflanzzeit beginnt Ende Oktober, damit sich bis zum Frühjahr viele neue Wurzeln bilden können.

Pflegeschnitt

Schlehen sind sehr pflegeleicht. Lediglich alle 4–5 Jahre sollten sie etwas ausgelichtet werden. Nach etwa 8 Jahren kann man die Pflanzen zur Verjüngung auf den Stock setzen.

Da Schlehen kräftig Ausläufer treiben, ist eine ständige natürliche Verjüngung gegeben.

Pflanzenschutz/Düngung

Durch ihre Unempfindlichkeit haben Schlehen keine Probleme mit Schädlingsbefall. Sie bevorzugen nährstoffreiche Böden, wobei jährlich 30 g Volldünger pro Quadratmeter vollkommen ausreichen.

2.3.6 Hagebutten

Wildrosen sind pflegeleicht. Alle 2–3 Jahre müssen alte Triebe entfernt werden, damit junges und blühfähiges Holz nachwächst.

Als natürlich vorkommende Wildrosenart lassen sich Hagebutten auch leicht im eigenen Garten kultivieren. Sie sind anspruchslos und kommen auf fast allen Böden zurecht.

Ob zu Konfitüre verarbeitet oder als Tee, die Frucht der bekannten Wildrose bietet mit ihrem besonders hohen Vitamin-C-Gehalt diverse Möglichkeiten.

Vielseitige Verwendung bietet die Hundsrose.

Die Hundsrose (*Rosa canina*) und die Apfelrose (*Rosa rugosa*) sind besonders leicht zu kultivieren. Darüber hinaus existieren weitere Arten, deren Früchte sich zur Verwendung im Haushalt eignen.

Ebenso eignet sich die Apfelrose für die Nutzung im Haushalt.

Pflanzung

Wildrosen werden überwiegend wurzelnackt gepflanzt. Das Wurzelwerk wird um 1/3, die oberirdischen Triebe um die Hälfte eingekürzt. Bei Pflanzen im Container werden die Triebe dementsprechend geschnitten. Etwaige Ringelwurzeln müssen aufgeschnitten werden.

Pflegeschnitt

Werden die Pflanzen im Laufe der Jahre zu hoch, können sie rigoros bis über den Erdboden zurückgeschnitten werden. Daraufhin folgt in aller Regel ein kräftiger Durchtrieb.

Pflanzenschutz/Düngung

Naturnahe Wildrosen sind kaum anfällig gegen Krankheiten. Ein spezieller Pflanzenschutz muss daher nicht durchgeführt werden. Hinsichtlich der Pflanzenernährung sind die Pflanzen ebenfalls anspruchslos. Sie kommen durchaus ein ganzes Jahr ohne Düngung aus, ansonsten genügen 20 g Volldünger pro Quadratmeter jährlich.

2.3.7 Zierquitten `Cido´ (Nordische Zitronen)

Bei dieser Pflanze handelt es sich um die Züchtung einer Zierquitte mit besonders hohem Vitamin-C-Gehalt aus Lettland.

Die Pflanze wächst strauchartig und wird etwa 1 m hoch. Sie ist anspruchslos und gedeiht in jedem Gartenboden. Anfang Mai erscheinen die orangefarbenen Blüten, die Genussreife der bis zu 6 cm großen, zitronengelben Früchte beginnt ab Anfang September.

Die Früchte der Scheinquitten sind lange lagerfähig, sie können zu Saft, Marmelade und Gelee verarbeitet werden.

Die Früchte der `Cido´ sind lange lagerfähig und enthalten viel Vitamin C.

Pflanzung

`Cido´ wird ausschließlich im Container geliefert und kann somit fast ganzjährig gepflanzt werden. Um eine bessere Verzweigung zu erreichen, werden die Triebe bei der Pflanzung um etwa 1/3 eingekürzt.

Pflegeschnitt

Der Blüten- und Fruchtansatz ist am dreijährigen Holz am größten, daher älteres Holz immer ab Februar entfernen.

Pflanzenschutz/Düngung

`Cido´ ist resistent gegen Erkrankungen, daher sind keine Maßnahmen notwendig. Eine ausreichende Nährstoffversorgung ist mit 30 g Mehrnährstoffdünger pro Quadratmeter im zeitigen Frühjahr gewährleistet.

2.3.8 Sibirische Blaubeeren *(Lonicera kamtchatika)*

Die Sibirische Blaubeere, auch Maibeere genannt, ist anspruchslos und kommt auf normalen Gartenböden mit einem pH-Wert zwischen 5,5 und 6,5 zurecht. Der Standort kann vollsonnig bis halbschattig sein. Die Maibeere ist absolut winterhart und auch gegen Spätfröste unempfindlich.

Bereits im März erscheinen kleine, weiße, leicht duftende Blüten. Die süßlichen, blau bereiften Früchte sind Mitte Mai pflückreif. Sie sind einer Heidelbeere ähnlich und haben eine längliche Form. Die Pflanze wächst strauchartig und erreicht eine mittlere Höhe von 1,5 m. Zwischenzeitlich gibt es mehrere großfrüchtige und ertragreiche Sorten, deren Anbau sich lohnt.

Die Früchte sind zum Frischverzehr sowie für Gelee und Marmeladen geeignet.

Die Sibirische Blaubeere ist eine Bereicherung beim Wildobst.

meladen und Gelee.

Pflanzung

Die Sibirische Blaubeere wird als Containerpflanze geliefert und sollte bei der Pflanzung zur besseren Verzweigung um etwa 1/3 eingekürzt werden.

Pflegeschnitt

Da die Pflanzen besonders gut an den Kurztrieben der ein- bis zweijährigen Triebe fruchten, sollte älteres Holz ständig entfernt werden. Das kann bereits direkt nach der Ernte erfolgen, spätestens aber im Dezember bis Januar.

Pflanzenschutz/Düngung

Es sind keine Krankheiten bekannt, allerdings ist die Sibirische Blaubeere gegen Trockenheit empfindlich. Daher muss möglicherweise gewässert werden.

30 bis 40 g Mehrnährstoffdünger pro Quadratmeter im Januar bis Februar reichen für die Wachstumsperiode aus.

2.3.9 Sanddorn (*Hippophae rhamnoides* Zuchtsorten)

Die Urform des Sanddorns kommt überwiegend in den Dünenlandschaften an Nord- und Ostsee vor. Seit einigen Jahren gibt es Neuzüchtungen, die schwächer wachsen, reicher fruchten und somit auch für den Hausgarten geeignet sind.

Allerdings ist Sanddorn überwiegend zweihäusig, es gibt weibliche und männliche Pflanzen. Für 5 bis 8 weibliche Pflanzen reicht eine männliche Pflanze aus.

Ein durchlässiger bis sandiger Boden bei einem pH-Wert von 5,5 bis 6,5 ist ideal. Die Wuchshöhe liegt zwischen 1,5 und 2,5 m. Bereits ab Mitte März erscheinen die recht unscheinbaren, gelblichen Blüten vor dem Austrieb der Blätter. Ab Mitte August beginnt die Ernte der Früchte.

Sie eignen sich zur Herstellung von Säften, Likören, Mar-

Fast alle Sanddorn-Sorten sind zweihäusig, sie benötigen einen Pollenspender.

Empfehlenswerte Sorte	Fruchtfarbe	Fruchtform	weiblich/ männlich
Askola Ⓢ	tieforange	oval	weiblich
Dorana ®	tieforange	oval	weiblich
Friesdorfer Orange	orangerot	rund	selbstfruchtbar
Frugana	hellorange	oval	weiblich
Hergo	hellorange	oval	weiblich
Leikora	dunkelorange	länglich	weiblich
Orange Energy ®	gelborange	länglich	weiblich
Pollmix 1 bis 5	keine Früchte		männlich
Sirola Ⓢ	rotorange	länglich	weiblich

Pflanzung

Wurzelnackte Pflanzen können ab Mitte Oktober bis zum Frost oder im Frühjahr nach Frostende bis Anfang Mai gepflanzt werden.

Containerpflanzen können fast ganzjährig gesetzt werden. Die Triebe werden bei der Pflanzung zur besseren Verzweigung um etwa 1/3 eingekürzt.

Pflegeschnitt

Sanddorn benötigt wenig Pflegeschnitt. Alle 3 bis 4 Jahre werden überaltert Triebe herausgeschnitten. Ist der Sanddorn zu hoch geworden, kann er auch auf den Stock gesetzt werden. Es dauert dann 2 bis 3 Jahre zum nächsten Fruchtansatz.

Pflanzenschutz/Düngung

Es sind keine Erkrankungen an Sanddorn bekannt, somit sind keine Maßnahmen erforderlich.

Im zeitigen Frühjahr reicht eine Gabe von 30 bis 40 g Mehrnährstoffdünger pro Quadratmeter aus.

3. Hausbäume

Bäume bringen Abwechslung in den Garten und als langlebige Monumente versetzen sie den Betrachter in Ehrfurcht. Leider ist das Wissen um die Vielfalt dieser Gehölze in den letzten Jahrzehnten teilweise verloren gegangen.

Jeder Grundstücksbesitzer möchte sicher gerne einen oder auch mehrere Bäume in seinem Garten haben. Dank der intensiven Züchtungsarbeit vieler Baumschulen ist es möglich, auch für kleine Gärten ein umfangreiches Sortiment anzubieten.

Mit einem eigenen Hausbaum trägt man nicht nur einen kleinen Anteil zum Klimaschutz bei, sondern gewinnt gleichzeitig einen Schattenspender für die Terrasse oder den Sandkasten der Kinder. Allerdings muss der spätere Raumbedarf vor der Pflanzung ermittelt werden, da sich sonst wenige Jahre nach der Pflanzung schon erste Schwierigkeiten aufgrund der zunehmenden Größe ergeben können.

Sortenwahl

Ob nun ein pyramidal wachsender Baum, ein Kugelbaum oder ein Baum mit einer Hängekrone gepflanzt werden soll, muss jeder Gartenbesitzer für sich entscheiden. Eine ausführliche Beratung zu Wuchsverhalten, Standortansprüchen und eventuellen Anfälligkeiten der Gehölze in einem guten Fachbetrieb ist in jedem Fall ratsam.

3.1 Pflanzschnitt und Pflanzung

Für den richtigen Aufbau ist ein optimaler Pflanzschnitt je nach Gehölzart notwendig.

Grundsätzlich müssen alle Bäume einen geraden Stamm haben, der frei von Schäden ist.

Ein pyramidal wachsender Baum verlangt eine gerade Stammverlängerung. Bei Kugelbäumen muss die Krone gleichmäßig entwickelt sein.

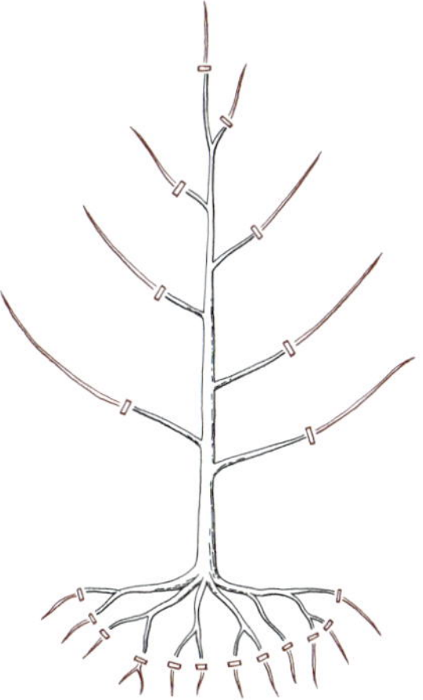

Bei aufrecht wachsenden Bäumen ist beim Einkauf auf einen geraden und durchgehenden Mitteltrieb zu achten.

Dünnere Bäume werden meist ohne Ballen verkauft, daher müssen die Wurzeln leicht zurückgeschnitten werden. Bei Pflanzen mit Ballen verbleiben Ballenleinen und Drahtkorb an der Pflanze, da sich diese im Laufe der Zeit zersetzen. Allerdings muss der Drahtkorb mit einer Zange rund um den Stamm durchgekniffen werden, damit der Draht später nicht einwächst. Der Knoten vom Ballenleinen muss ebenfalls gelöst werden.

Bei aufrecht wachsenden Bäumen erfolgt ein pyramidaler Schnitt. Zu dicht stehende Äste werden vollständig entfernt. Damit eine kompakte Krone entsteht, wird der durchgehende Mitteltrieb um etwa 1/3 eingekürzt. Kugelförmig wachsende Bäume erhalten einen strengen Pflanzschnitt. Die Kronentriebe werden bis auf 2–3 Augen zurückgenommen, um eine gedrungene Krone zu erzielen.

Darüber hinaus benötigen alle Stämme ein stabiles Stützgerüst aus 1–3 Baumpfählen.

Kugelförmig wachsende Bäume erhalten einen kräftigen Pflanzschnitt bis auf 2 bis 3 Augen pro Trieb, schwaches Holz wird ganz entfernt.

3.2 Pflegeschnitt an pyramidal wachsenden Kronen

In den ersten Jahren nach der Pflanzung ist kaum Pflegeschnitt notwendig. Nach 5–6 Jahren müssen erste Triebe aus der Krone entfernt werden. Dabei muss die Auslichtung stets gleichmäßig erfolgen, damit die Statik des Baums erhalten bleibt. Im Bereich des Leittriebs dürfen keine gleichstarken Astgabeln entstehen, da sich hier später Faulstellen bilden können. Zu dieser Gruppe zählen unter anderem als Hausbaum geeignete Sorten von Spitzahorn, Bergahorn, Rotdorn, Esche, Kirsche, Eberesche, Linde und Ulme.

Die Krone muss gleichmäßig ausgelichtet werden, damit Licht in die Krone kommt und die Statik des Baums erhalten bleibt.

3.3 Pflegeschnitt an Säulenformen

Säulenformen sind meist durch gärtnerische Selektionen und Züchtungen entstanden. Durch ihre Wuchsform eignen sie sich besonders für enge Standorte. Einige Arten wie die Pyramideneiche und die Säulen-Hainbuche neigen im Alter zum Breitenwachstum. Bei diesen Pflanzen müssen durch den richtigen Schnitt rechtzeitig Korrekturmaßnahmen eingeleitet werden. Überhängende und nicht der Wuchsform entsprechende Triebe müssen rechtzeitig und regelmäßig eingekürzt werden.

3.4 Pflegeschnitt an Bäumen mit kugelförmiger Krone

Kugelförmige Bäume benötigen eine besondere Pflege. Die Kugelrobinie (*Robinia pseudoacacia 'Umbraculifera'*) sollte alle 2 Jahre einem vollständigen Kronenrückschnitt unterzogen werden, während der Kugelahorn (*Acer platanoides 'Globosum'*) nur ausgelichtet wird. Besonders die langen Zapfen müssen entfernt werden, da an dieser Stelle leicht Rotpusteln entstehen können. Falls ein Kugelahorn im Laufe der Jahre in der Krone zu kräftig geworden ist, können alle Äste mit einer scharfen Säge bis auf einen kurzen Stumpf abgesägt werden. Allerdings sollten die großen Wunden mit einem Wundverschluss verstrichen werden.

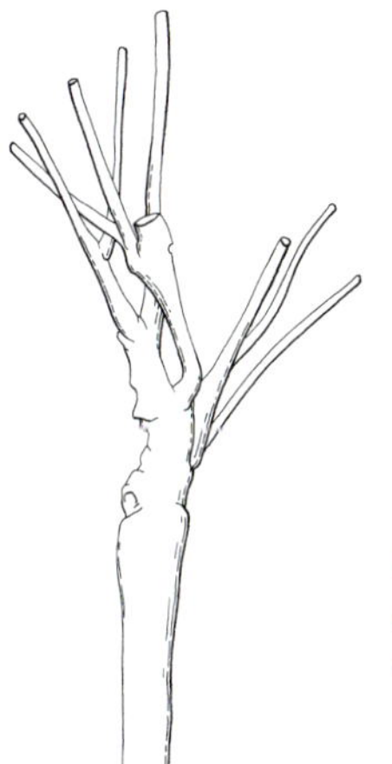

Die Kronen der Kugelrobinien müssen alle 2 Jahre zurückgeschnitten werden, damit sie nicht vergreisen.

Beim Kugelahorn werden die Kronen alle 2 bis 3 Jahre ausgelichtet.

3.5 Pflegeschnitt an besonderen Baumformen

Als Schattenspender im Garten dienen oft Bäume mit hängender Krone. Damit die Zweige nicht zu tief herunter hängen, werden die Kronen häufig durch Gerüste abgestützt. Spezielle Schnittmaßnahmen sind selten erforderlich. Zu tief hängende oder abgestorbene Zweige müssen regelmäßig entfernt werden.

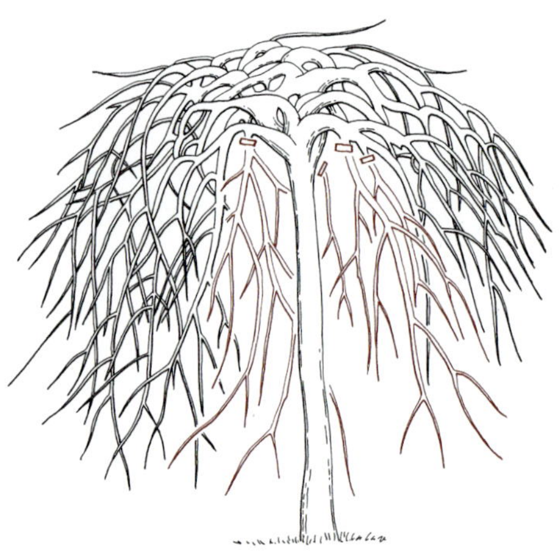

Wenige Schnittmaßnahmen verlangen schirm- oder dachförmige Kronen. Tote und zu stark herunterhängende Zweige sollten entfernt werden.

3.6 Erhaltungsmaßnahmen an älteren Bäumen

Ist ein Baum von Anfang an gut aufgebaut, sind wenige Pflegemaßnahmen notwendig. Eine ständige Sichtkontrolle garantiert, dass angefallenes Totholz unverzüglich entfernt wird. Der Grundstücksbesitzer ist außerdem für die Verkehrssicherungspflicht seiner Bäume verantwortlich. Ragen die Äste in einen öffentlichen Verkehrsraum hinein, ist besondere Sorgfalt geboten. Falls Pflege- und Erhaltungsmaßnahmen an einem älteren Baum erforderlich werden, sollte eine Fachfirma mit der dazu notwendigen Ausrüstung hinzugezogen werden.

4. Glossar

Ableiten – Zurückschneiden bis zu einem starken Seitenast.

Abrisse – In Beeten durch Anhäufeln angeregte Triebe, die durch Abreißen „geerntet" und verpflanzt werden, um als Veredelungsunterlage zu dienen.

Alternieren = Alternanz – Bäume tragen nur alle zwei Jahre.

Aluminiumsulfat – Dient zur Säuerung des Bodens und zur Farbveränderung der Blüten, z. B. bei *Hydrangea macrophylla* (Ballhortensien).

Ambossschere – Die Klinge drückt den Zweig gegen einen Amboss. Bei weichem Holz Quetschgefahr!

Assimilationsfläche – Blattfläche, mit der der Baum Photosynthese betreibt.

Astring – Wulst, an der ein Nebentrieb aus einem Leittrieb kommt. Hier sind Wuchsstoffe eingelagert, die nach dem Schnitt das Wundgewebe bilden, weshalb der Astring nicht beschädigt werden sollte.

Astschere – Zum Schneiden von Ästen bis 5 cm Stärke.

Auf den Stock setzen – Rückschnitt von Wildgehölzen bis auf 20 – 50 cm über den Boden alle 5-6 Jahre.

Auge – Voll entwickelte Knospe, die sich in der Blattachsel befindet.

Ausläuferbildung – Bildung neuer Triebe aus der Wurzel heraus, auch in größerem Abstand zum Stamm.

Auslichtungsschnitt – Pflegende Schnittmaßnahmen nach Beendigung des Erziehungsschnittes.

Birnengitterrost – Pilzerkrankung der Birnen mit orangeroten Flecken auf den Blättern.

Bügelsäge – Zum Entfernen stärkerer Äste ab 5 cm Durchmesser.

Bypassschere – Die Schere hat Klinge und Gegenklinge; gewährleistet sauberen Schnitt.

Containerpflanze – In Töpfen oder Behältern gezogene Pflanze.

Durchtrieb – Nach einem Rückschnitt erfolgter Neuaustrieb.

Edelreiser – Zur Veredelung nutzbare Pflanzenteile einer wertvollen Sorte, die auf der Unterlage, z. B. den Stamm, einer anderen Art „transplantiert" wird.

Edelsorte	Sorte mit erhaltenswerten Eigenschaften. Identische Abkömmlinge dieser Sorte werden durch vegetative Vermehrung produziert.
einhäusige Pflanzen	Weibliche und männliche Blüten befinden sich auf einer Pflanze.
einjähriger Trieb	Verholzter Zweig, dessen Knospen im Folgejahr das Seitenholz bilden.
Erhaltungsschnitt	Ziel ist es, das Gehölz vital zu erhalten und starkes Wachstum zu begrenzen.
Erziehungsschnitt	Schnitt junger Gehölze zur Bildung eines stabilen Astgerüstes.
Flachwurzler	Flaches, tellerförmiges Wurzelwerk, das leicht durch zu tiefe Bodenbearbeitung beschädigt werden kann.
Fremdbestäubung	Für die erfolgreiche Bestäubung der Blüten wird der Pollen anderer Sorten benötigt.
Fruchtholz	Zweige mit Blütenknospen, aus denen Früchte hervorgehen können.
generative Vermehrung	Vermehrung aus Samen.
Genussreife	Zeitpunkt, zu dem lagerfähige Früchte gut schmecken.
Gummifluss	Krankheit der Kirschen, bei der Harz aus der Rinde austritt.
Halbstamm	Kronenansatz in 1 – 1,40 m Höhe.
Hochstamm	Kronenansatz in 1,80 m Höhe.
Hohlkrone	Baumform ohne Stammverlängerung oder Mitteltrieb.
Johanni	Am 24. Juni findet der so genannte Johannistrieb statt = erneuter Triebzuwachs.
Kallusbildung	Wundgewebebildung des Baumes.
Konkurrenztrieb	Starker, meist senkrechter Trieb, der parallel zum Mitteltrieb oder den Leitästen wächst.
Kopulation	Veredelung einer bestimmten Sorte auf eine dafür geeignete Unterlage, um der nicht wurzelechten Sorte ein dauerhaftes Wachstum zu ermöglichen. Wird im Winter (Vegetationsruhe) durchgeführt.
Kopulierhippe	Durchführen von Veredelungen; Nacharbeiten von Sägeschnitten.
Kronblätter	Hier handelt es sich um innere Blütenhüllblätter, die dem Schutz der Blüte oder der Frucht dienen. Häufig werden durch die Farbe der Hüllblätter Insekten zur Bestäubung angelockt.

Langzeitdünger	Meist Volldünger mit allen Hauptnährstoffen, der die Nährstoffe allmählich freigibt, Wirkungsdauer je nach Produkt 3 – 6 Monate.
Leitast	Hauptseitenast.
mehrjähriger Trieb	Über zwei Jahre alte Zweige.
Mehrnährstoffdünger	Bodenuntersuchungen der letzten Jahre haben gezeigt, dass besonders Phosphat mehr als ausreichend im Boden vorhanden ist. Deshalb werden phosphatfreie Mineraldünger angeboten. Stickstoff, Kalium sowie Mikronährstoffe sind im Dünger vorhanden.
Monilia	Pilzerkrankung an Steinobst, bei der Triebspitzen eintrocknen und absterben.
Obstart	Unterscheidung unterschiedlicher Obstgehölze z. B. Äpfel, Birnen, Kirschen.
Obstbaumkrebs	Pilzerkrankung im Holz, die zum Absterben ganzer Äste führen kann.
Obstsorte	Differenzierung innerhalb einer Art, z. B. Apfelsorte „Finkenwerder Herbstprinz“.
organischer Dünger	Aus Naturprodukten wie getrocknetem Hühnerkot, Rinderdung oder Hornspänen hergestelltes Produkt; Stalldung der unterschiedlichen Tierarten und reifer Kompost.
Pflanzschnitt	Vor der Pflanzung von Gehölzen durchzuführender Schnitt zur Herstellung optimaler Anteile an Wurzeln und Trieben.
Pflückreife	Zeitpunkt, zu dem sich Früchte leicht pflücken lassen, wenn die sortentypische Färbung und die übliche Festigkeit der Früchte vorhanden sind.
Pfropfen	Zusammenfügung von Edelreis eines Zier- oder Obstgehölzes mit einer Unterlage, bei der das angeschnittene Reis oft hinter die Rinde der Unterlage geschoben wird. Zeitpunkt: Ende April – Anfang Mai.
®	Markenschutz, hier ist nur der Name geschützt (vgl. Ⓢ Sortenschutz)
Ringelwurzeln	Diese können bei längerer Kultur in Töpfen entstehen, vor der Pflanzung müssen sie mehrfach aufgetrennt werden.

Rotpusteln	Der pilzliche Erreger tritt an geschwächten Pflanzenteilen auf und bildet gelblich bis rote Pusteln an abgestorbenem Holz. Zur Vorbeugung dürfen keine langen Zapfen stehen gelassen werden. Die Wunden müssen behandelt werden. Besonders anfällig sind Ahorn, Rotdorn, Johannisbeere, Robinie und Linde.
Rundkrone	Baumform mit Mitteltrieb und drei starken Seitenästen.
Ⓢ	Sortenschutz, die Pflanze darf nicht ohne Erlaubnis des Sortenschutzinhabers vermehrt werden (vgl. ® Markenschutz)
Sämling	Durch Saat vermehrter Baum (Generative Vermehrung).
schlafende Augen	Augen im Ruhezustand; werden oft durch kräftigen Rückschnitt aktiviert.
Schnittgesetze	Regelmäßige Reaktionen auf Schnittmaßnahmen bei Obstgehölzen.
Schwertsäge	Für den Einsatz an schwer zugänglichen Stellen gedacht.
Seitenholz	Nebentriebe an Hauptzweigen.
Spalier	Gerüst, an dem Kletterpflanzen und Formobst gezogen werden.
Spindel	Kegelförmige Baumform mit Mitteltrieb und vielen Seitenästen , die nach oben immer schmaler werden.
Stammbusch	Kronenansatz in 0,30 – 0,80 m Höhe.
Stammverlängerung	Verlängerung des Stammes im Kronenbereich, die in einem starken Mitteltrieb endet.
stark- und schwachwüchsig	Bezeichnungen für das durchschnittliche Wachstum einer Obstart.
Stecklinge	Abgeschnittene Triebe, die in der Erde Wurzeln bilden.
Teleskopsäge	Säge am langen Stiel.
Teleskopschere	Schere am langen Stiel.
Traufbereich	Bereich unterhalb der Baumkrone.
triploid	Dreifacher Chromosomensatz. Die Sorten sind nicht zur Befruchtung anderer Sorten geeignet.
Typenunterlage (M = Malus)	Vegetativ durch Abrisse oder Stecklinge vermehrte Veredelungsunterlage. M7: mittelstark wachsend, liebt lehmige Böden, benötigt einen Stützpfahl. M9: schwach wachsend, wenig standfest, benötigt immer einen Stützpfahl. MM106: mittelstark wachsend, für sandige und lehmige Böden geeignet, benötigt einen Stützpfahl.

Überwallen	Der Verschluss einer Schnittwunde durch Kallusbildung vom Rand aus.
Unterlage	Wird beim Veredeln von Gehölzen verwendet und besteht aus dem Wurzelsystem einer Pflanze und einem Teil des Stammes.
vegetative Vermehrung	Ungeschlechtliche Vermehrung durch Stecklinge, Steckholz und Veredelung.
Veredeln	Vermehrung von ausgewählten Pflanzen auf entsprechende Unterlagen.
Vergreisung	Gehölze mit ausschließlich sehr altem Fruchtholz ohne lange einjährige Triebe.
Verjüngungsschnitt	Entfernung älterer Triebe, um das Vergreisen von Pflanzen zu verhindern.
Volldünger	Ein aus den Haupt- oder Kernnährstoffen Stickstoff (N), Phosphat (P) und Kalium (K) bestehender Mineraldünger. Häufig sind wichtige Mikronährstoffe (Spurenelemente), die für ein gesundes Pflanzenwachstum erforderlich sind, enthalten.
Walnussfruchtfliege	Ein invasives Insekt, das die noch grünen Fruchtschalen der Walnüsse ansticht und zerfrisst. Dadurch entsteht ein schwarzer, schleimiger Belag, der die Nüsse unappetitlich macht.
Wasserreiser	Starke einjährige Triebe aus dicken Ästen.
Wildling	Unterlage für Veredelung. Siehe auch „Unterlage".
Wildtrieb	Durchgetriebene Unterlage einer Veredelung. W. müssen unbedingt sorgfältig entfernt werden.
Wuchsgesetze	Bei allen Gehölzen vorkommende Wuchseigenschaften.
zweihäusige Pflanze	Weibliche und männliche Blüten befinden sich auf unterschiedlichen Pflanzen.
zweijähriger Trieb	Zweijährige Hauptzweige mit noch einjährigem Seitenholz.
zwittrige Blüten	Staub- und Fruchtblätter sind in einer Blüte vorhanden.

5. Stichwortregister

J

K

L

M

N

O

P

R

S

6. Alphabetische Arten- und Sortenliste mit Pflanz- und Pflegeübersicht

Art/Sorte Auswahl *Erläuterung der Ziffern siehe Legende*	Seite	Fruchttyp (1)	Standort-bedingungen		pH	Pollenspender ratsam		Anfälligkeiten gegen Krankheiten/Schädlinge			Schnitt-/Pflegemaß-nahmen (5)	Pflanzdatum
			Bodenart (2)	Lage (3)		ja	nein	hoch	mittel (4)	gering		
Äpfel												
Alkmene	30	K	L/H	S	5,5	x				x	I P 1-2	
Berlepsch	30	K	L/H	S	5,5	x		x O			I P 1-2	
Boskoop	8, 28, 30, 44	K	L/H	S	5,5	x				x	I P 1-2	
Cox Orange	28, 30	K	L/H	S	5,5	x		x O			I P 1-2	
Delbarestivale	30	K	L/H	S	5,5	x		x			I P 1-2	
Elstar	30	K	L/H	S	5,5	x			x Sch		I P 1-2	
Finkenwerder Herbstprinz	30, 83	K	L/H	S	5,5	x				x	I P 1-2	
Gala	30	K	L/H	S	5,5	x		x Sch/O			I P 1-2	
Goldparmäne	29, 30	K	L/H	S	5,5	x		x Sch			I P 1-2	
Gravensteiner	31	K	L/H	S	5,5	x			x		I P 1-2	
Holsteiner Cox	29–31, 44, 45	K	L/H	S	5,5	x			x		I P 1-2	
Ingrid Marie	31	K	L/H	S	5,5	x		Sch,O			I P 1-2	
Jacob Fischer	31	K	L/H	S	5,5	x				x	I P 1-2	
James Grieve	31	K	L/H	S	5,5	x		x		x	I P 1-2	
Jonagold	31	K	L/H	S	5,5	x			x		I P 1-2	
Mantet	31	K	L/H	S	5,5	x		x Sch		x	I P 1-2	
Ontario	30, 31	K	L/H	S	5,5	x				x	I P 1-2	
Piros	31	K	L/H	S	5,5	x		O		x	I P 1-2	
Sternrenette, Rote	31	K	L/H	S	5,5	x			x		I P 1-2	
Topaz	31	K	L/H	S	5,5	x				x	I P 1-2	
Winterglockenapfel	31	K	L/H	S	5,5	x				x	I P 1-2	
Zuccalmaglios Renette	31	K	L/H	S	5,5	x				x	I P 1-2	
Birnen												
Alexander Lucas	33	K	H	S	5,5	x				x	P 1	
Clapps Liebling	33	K	H	S	5,5	x			x		P 1	
Conference	33	K	H	S	5,5	x				x	P 1	
Gellerts Butterbirne	33	K	H	S	5,5	x				x	P 1	

Art/Sorte Auswahl *Erläuterung der Ziffern siehe Legende*	Seite	Fruchttyp (1)	Standort-bedingungen		pH	Pollenspender ratsam		Anfälligkeiten gegen Krankheiten/Schädlinge			Schnitt-/Pflegemaß-nahmen (5)	Pflanzdatum
			Bodenart (2)	Lage (3)		ja	nein	hoch	mittel (4)	gering		
Gräfin aus Paris	33	K	H	S	5,5	x				x	P 1	
Gute Graue	33	K	H	S	5,5	x		Sch			P 1	
Gute Luise	33	K	H	S	5,5	x		Sch			P 1	
Köstliche aus Charneu	33	K	H	S	5,5	x				x	P 1	
Madame Verte	33	K	H	S	5,5	x				x	P 1	
Pastorenbirne	33	K	H	S	5,5	x				x	P 1	
Vereinsdechant	33	K	H	S	5,5	x			Sch		P 1	
Williams Christ	33	K	H	S	5,5	x		Sch			P 1	
Quitten												
Bereczki, Birnenquitte	34	K	H/L	S	5,5	x			x		P G	
Konstantinopler Apfelquitte	34	K	H/L	S	5,5	x				x	P G	
Portugiesische Birnenquitte	34	K	H/L	S	5,5	x			x		P G	
Riesenquitte von Lescovac, Apfelquitte	34	K	H/L	S	5,5	x				x	P G	
Pflaumen, Zwetschen u.a.												
Bühler Frühzwetsche	37	S	H	S	6-7	x				x	P 2	
Große Grüne Reneklode	37	S	H	S	6-7	x				x	P 2	
Hauszwetsche	36, 37, 42	S	H	S	6-7	x				x	P 2	
Italienische Zwetsche	37	S	H	S	6-7	x		x			P 2	
Königin Victoria	37	S	H	S	6-7	x			x		P 2	
Mirabelle von Nancy	37	S	H	S	6-7	x				x	P 2	
Oullins Reneklode	37	S	H	S	6-7	x			x		P 2	
President	37	S	H	S	6-7	x				x	P 2	
Schönberger Zwetsche	37	S	H	S	6-7	x				x	P2	
The Czar	37	S	H	S	6-7	x				x	P 2	
Wangenheimer Frühzwetsche	37	S	H	S	6-7	x				x	P 2	
Zimmer's Frühzwetsche	37	S	H	S	6-7	x		x			P 2	
Süßkirschen												
Annabella	38	S	L/H	S	6	x				x	P G S	
Büttner's Rote Knorpel	38	S	L/H	S	6	x				x	P G S	
Große Prinzessinnenkirsche	38	S	L/H	S	6	x				x	P G S	

Art/Sorte Auswahl *Erläuterung der Ziffern siehe Legende*	Seite	Fruchttyp (1)	Standort-bedingungen		pH	Pollenspender ratsam		Anfälligkeiten gegen Krankheiten/Schädlinge			Schnitt-/Pflegemaß-nahmen (5)	Pflanzdatum
			Bodenart (2)	Lage (3)		ja	nein	hoch	mittel (4)	gering		
Große Schwarze Knorpel	38	S	L/H	S	6	x				x	P G S	
Hedelfinger Riesen	38	S	L/H	S	6	x				x	P G S	
Lapins	38	S	L/H	S	6	x			x		P G S	
Regina	38	S	L/H	S	6	x				x	P G S	
Schneider´s Späte	38	S	L/H	S	6	x				x	P G S	
Spansche Knorpel	38	S	L/H	S	6	x				x	P G S	
Sauerkirschen												
Karneol	40	S	H	S	6	x			x		P 1 S	
Kobold	40	S	H	S	6	x			x		P 1 S	
Koröser Weichsel	40	S	H	S	6	x				x	P 1 S	
Morellenfeuer	40	S	H	S	6	x		Mo			P 1 S	
Schattenmorelle	40	S	H	S	6	x		Mo			P 1 S	
Pfirsiche												
Amsden	42	S	H	SF	6	x			K		P 1	
Früher Roter Ingelheimer	42	S	H	SF	6	x		K			P 1	
Kernechter vom Vorgebirge	42	S	H	SF	6	x				K/Mo	P 1	
Red Haven	42	S	H	SF	6	x			K		P 1	
Revita	42	S	H	SF	6	x			K		P 1	
Aprikosen												
Kuresia	43	S	H/L	SF	6	x			K		P G	
Marena	43	S	H/L	SF	6	x				x	P G	
Nancyaprikose	43	S	H/L	SF	6	x				x	P G	
Ungarische Beste	43	S	H/L	SF	6	x			K		P G	
Weitere Früchte tragende Gehölze												
Apfelbeeren	74	F	H/L	S/Ha	5,5		x			x	G/P	
Brombeeren	61	B	H	S	5,5		x			x	1/P	
Feigen	73	F	H/L	S/F	6		x			x	G/P	
Gartenheidelbeeren	62	B	H	S/Ha	4,5	x				x	3/P	
Hagebutten	78	F	H/L	S	5,5		x			x	2/G /A/V	
Großfrüchtige Moosbeeren	64	B	H	S/Ha	4,5		x			x	G/P	

Art/Sorte Auswahl *Erläuterung der Ziffern siehe Legende*	Seite	Fruchttyp (1)	Standort-bedingungen		pH	Pollenspender ratsam		Anfälligkeiten gegen Krankheiten/Schädlinge			Schnitt-/Pflegemaß-nahmen (5)	Pflanzdatum
			Bodenart (2)	Lage (3)		ja	nein	hoch	mittel (4)	gering		
Haselnüsse	68	N	H/L	S/Ha	5,5		x			x	G/V	
Hausbäume	77		H/L	S/Ha	5,5		x			x	G/A	
Himbeeren	59	B	H/ L	S	5,5		x			x	1/V/P	
Jostabeeren	56	B	H/L	S/L	5,5		x			x	1/P	
Japanische Weinbeeren	61	B	H/L	S/Ha	5,5		x			x	1/P	
Kiwis	71	F	H/L	S/F	6	x				x/M	1/P/S	
Kornelkirschen	75	F	H/L	S/Ha	5,5		x			x	G/P/V	
Mährische Ebereschen	75	F	H/L	S	5,5		x			x	3/P	
Mandeln	72	N	H/L	S/F	5,5	x				x	1/P	
Preiselbeeren	63	B	H	S/Ha	4,5		x			x	G	
Rote Johannisbeeren	49	B	H/L	S/F	5,5	x				x/M	1/P/F/S	
Sanddorn	80	F	H	S	5,5	x				x	2/V	
Schlehen/Schwarzdorn	77	F	H/L	S/Ha	5,5		x			x	G/V	
Schwarze Johannisbeeren	51	B	H/L	S /F	5,5	x				x /M /R	1/P/S	
Schwarzer Holunder	65	F	H/L	S/Ha	5,5		x			x	3/P	
Sibirische Blaubeeren	79	B	H	S/Ha	5,5	x				x	2/P	
Speierlinge	76	F	H/L	S/F	6		x			x	3/P	
Stachelbeeren	54	B	H/L	S/L	5,5	x				x /M	1/ P	
Tafeltrauben/Weinreben	66	F	H/L	S	6		x			x/M	1/P/S	
Taybeeren	61	B	H	S	5,5		x			x	1/P	
Walnüsse	69	N	H/L	S/F	6		x			x	G/A	
Weiße Johannisbeeren	50	B	H/L	S /F	5,5	x				x/M	1/ P/S	
Zierquitten `Cido´	79	F	H/L	S/Ha	5,5		x			x	3/P	

(1)
K = Kernobst
S = Steinobst
B = Beerenobst
F = andere Früchte
N = Nüsse /Schalenobst
W = Wildobst

(2)
L = lehmig
H = humos/sandig

(3)
S = sonnig
Ha = halbschattig
F = frostgeschützt

(4)
Sch = Schorf
R = Rost
M = Echter Mehltau
Mo = Monilia
O = Obstbaumkrebs
K = Kräuselkrankheit

(5)
I = Sehr individuell
(siehe je nach Fruchtart im Text)
V = Verjüngungsschnitt
P = Pflegeschnitt (Auslichtung)
F = Formschnitt
S = Sommerschnitt

1 = jährlich
2 = alle 2 Jahre
3 = alle 3 Jahre
G = gelegentlich

Für den Einkauf von Obstgehölzen oder den Bezug von Veredlungsreisern wenden Sie sich bitte an lokale Gärtnereien und Gartenbauverbände.